유비쿼터스
반려동물과의
행복한 동행

Ubiquitous

유비쿼터스 반려동물과의 행복한 동행

Pet-utopia

이정완 지음

반려동물은 그런 모든 변화와 상관없이 우리 곁에 머물며, 우리에게 언제나 어디서나 진정한 위로와 행복을 제공하고 있습니다. 이러한 유비쿼터스 시대에서 반려동물은 우리 인생에서 새로운 가족의 일원으로 자리매김하며 우리 삶에 많은 기쁨과 의미를 더해 주고 있습니다.

_프롤로그 중에서

좋은땅

‖ 목차 ‖

제2부. 반려동물과 함께하는 삶의 행복 이야기(에세이)

프롤로그

디지털 기술의 발전으로 인해 가능해진 유비쿼터스 환경에서, 우리는 어떻게 반려동물과 더 깊은 연결성과 유대감을 형성하며 더 나은 삶을 제공할 수 있을까요? 디지털 기술의 발전은 우리의 생활을 크게 편리하게 만들었지만, 동시에 더 많은 스트레스와 분리감을 초래하기도 합니다. 반면, 반려동물은 그런 모든 변화와 상관없이 우리 곁에 머물며, 우리에게 언제나 어디서나 진정한 위로와 행복을 제공하고 있습니다. 이러한 유비쿼터스 시대에서 반려동물은 우리 인생에서 새로운 가족의 일원으로 자리매김하며 우리 삶에 많은 기쁨과 의미를 더해 주고 있습니다.

《유비쿼터스 반려동물과의 행복한 동행》은 디지털 기술의 발전과 함께 유비쿼터스 시대에 살아가는 우리가 어떻게 반려동물과 더 깊은 연결성과 유대감을 형성하고, 우리의 행복과 그들의 행복을 상호 증진시킬 수 있는지에 대한 건설적인 제안을 제시하고자 집필하였습니다. 이 책에서는 한국에서 가장 많이 기르는 반려 강아지 44종, 반려 고양이 10종, 그리고 기타 반려동물 9종, 총합계 63종의 반려동물들의 체격 크기, 성격, 주요 특성, 그리고 키울 때 주의해야 할 점 등에 대해 설명하고 있습니다. 또한, 이들 반려동물과 함께하는 삶의 행복 이야기 12편을 에피소드를 포함한 에세이로 소개하고 있습니다. 이 책을 통해 우리가 반려동물들과 함께 어떻게 더 밀접하게 상호 작용하고, 그들의 삶을 더 풍요롭게 만들 수 있는지, 그리고 우리의 삶에 어떻게 반려동물이 더 큰 행복을 가져다줄 수 있는지에 대한 이야기를 담고 있습니다. 또한, 이 책을 통해 반려동물들과 더 깊은 유대 관계를 형성하며 우리의 일상을 더욱 행복하게 만들고, 우리가 반려동물과 어떻게 더 높은 수준의 상호 작용을 할 수 있는지에 대한 건설적인 고민도 함께 하고 있습니다.

끝으로, 이 책은 인간과 반려동물이 더욱 가까워질 수 있는 기회와 통찰력을 제공하고 있습니다. 이 책은 단순히 반려동물의 행복을 추구하는 것뿐만 아니라, 그들과 함께 더 의미 있는 삶을 살아갈 수 있는 방법에 대한 영감을 제공하고 있습니다. 그리고 이를 통해 반려동물과 함께하는 여정을 보다 행복하고 의미 있는 것으로 만들어서 더 큰 삶의 행복과 연결성을 찾을 수 있게 될 것입니다. 이 책을 통해 우리 인간과 반려동물들 간의 유대감을 높이고, 상호 존중을 통해 양 당사자 모두의 행복을 극대화하기 위한 “행복한 동행”, 그 아름다운 여정의 시작을 선언합니다. 유비쿼터스 일상에서 반려동물과 함께하는 더 큰 행복을 찾아보시기를 축원합니다.

제1부

반려동물의 유토피아를 위하여

Ubiquitous Pet-utopia

제1장

반려동물의 중요성과 영향

제1절. 반려동물과의 만남

반려동물과의 만남은 우리 삶에 큰 의미를 부여할 수 있는 특별한 순간 중 하나입니다. 이러한 만남은 때로는 우연히 시작되기도 하지만, 그 결과는 종종 우리 삶을 변화시키며 풍요로움을 더해 줍니다. 나는 이러한 반려동물과의 만남이 어떻게 나의 삶을 더욱 풍성하게 만들었는지에 대한 경험을 공유하고 싶습니다.

우리 가족은 언제부터인가 반려동물을 입양할 생각을 하고 있었습니다. 그러던 어느 날, 우리 집에 두 마리의 강아지가 들어왔습니다. 하나는 몸집이 제법 큰 "골든"(골든 리트리버)이었고, 다른 하나는 몸집이 상대적으로 작은 "히트"(닥스훈트)였습니다.

내가 골든과 히트를 만나게 된 그날, 나의 인생은 새로운 의미를 얻었습니다. 처음 만난 순간, 그들의 눈동자는 나를 깊이 훑어보는 듯한 느낌을 주었습니다. 특히, 골든의 경우에는 그동안 느껴 보지 못했던 순수한 감정과 무표정하게 바라보는 그녀의 눈동자에서 표현 없는 애정이 느껴졌습니다. 우리는 서로를 이해하고 소통하기 위해 언어를 사용하지 않았어도, 그 감정을 체감할 수 있었습니다. 그 두 마리의 강아지는 우리 집에 따뜻함과 새로운 미소를 가져다주었습니다. 그들의 유쾌한 꼬리 흔들림은 우리 집에 새로운 에너지를 제공했고, 우리에게 새로운 책임도 안겨 주었습니다.

골든과 히트와의 첫 만남은 우리 가족에게 큰 감동을 안겨 주었습니다. 그들의 사랑스러운 눈빛과 무한한 애정은 우리를 사로잡았습니다. 그들과 함께 시간을 보내면서, 나는 인내와 책임감을 배웠습니다. 아파트에서 두 마리의 강아지를 함께 돌보는 것은 쉬운 일이 아니었지만, 그 노력과 헌신은 큰 보상을 가져다주었습니다. 그들은 우리 가족에게 무조건적인 사랑과 화목, 그리고 가족 구성원 각자 서로에 대한 배려심을 가르쳐 주었습니다.

또한, 그들과의 만남은 나의 스트레스와 조바심을 완화시켜 주었습니다. 그들과 함께 산책을 하며 무거운 마음을 풀어내고, 자연과의 조화를 찾는 시간들은 참으로 나에게 주어진 준비된 행운 이었습니다. 산책을 하면서 나는 자연과 더 가까워지며, 스트레스 해소의 좋은 방법을 배울 수 있었습니다. 그들은 나의 정서적 안정감을 향상시켜 주었고, 그들이 주는 행복한 순간들은 나의 일상을 더 풍요롭게 만들어 주었습니다.

또한, 그들과의 만남은 사회적 연결감을 증진시켜 주었습니다. 골든과 히트를 동반해서 산책하거나 반려동물 놀이센터에 가면, 다른 반려동물을 가진 사람들과 자연스럽게 소통하게 되었습니다(참으로, 행운이고 감사하게 생각하는 것은 내가 살고 있는 아파트 근처에 구청에서 마련하고 관리하는 "반려동물 놀이센터"가 근린공원에 위치해서 무상으로 운영되고 있다는 사실이었습니다). 이러한 만남은 새로운 친구를 사귈 기회를 제공하였고, 나의 사회적 관계를 풍부하게 만들어 주었습니다.

나의 삶에 있어서 골든과 히트와의 만남은 단순히 반려동물과의 관계가 아니라, 더 큰 가족의 일부가 되는 것을 의미합니다. 그들은 우리의 일상에서 큰 역할을 하고 있으며, 우리의 삶을 더 풍요롭게 만들어 주고 있습니다. 골든과 히트와의 만남을 통해 나는 사랑, 책임감, 행복, 이해, 용서, 소소한 일상의 자유로움, 그리고 사회적 연결감을 경험하게 되었습니다. 그들과의 만남은 나에게 삶에 대한 새로운 시각을 제공하였고, 더 멋진 인간으로 성장하게 해 주는 소중한 경험입니다.

내 인생에 있어서 그들과의 만남은 정말로 아름다운 경험입니다. 그들과 함께하는 시간은 나의 삶을 더욱 풍요롭게 만들어 주고 있으며, 그들의 무조건적인 사랑은 나의 마음을 치유하고 위로해 줍니다. 이 소중한 동반자들과 함께하는 순간들은 나의 평범한 일상 속에서도 내 삶에 특별함을 느끼게 해 주고, 나에게 진정한 의미 있는 삶을 선물해 주고 있는 것 같습니다.

제2절. 왜 반려동물을 키우는가?

인간은 수천 년 동안 반려동물을 키우고 동반 생활을 하며 매우 깊은 유대 관계를 형성해 왔습니다. 이것은 다양한 이유와 동기에 기반한 우리 인간의 선택이었습니다. 이 절에서는 인간이 왜 반려동물을 키우는지에 대한 몇 가지 주요 이유를 탐구해 보겠습니다.

첫째, 인간과 동물의 공존입니다. 인류의 초기부터 인간과 동물은 함께 공존해 왔습니다. 사냥 동물을 잡아먹는 행위로부터 시작해, 동물을 축양하고 길들이며 가축으로써 기르는 과정을 거쳐 현재에 이르렀습니다. 이러한 공존은 생활에 도움을 얻기 위한 관계에서부터 점차 동반자로서의 역할로 확장되어 가고 있습니다.

둘째, 문화적 특성입니다. 동물은 문화적으로도 중요한 역할을 합니다. 다양한 문화에서 동물은 특별한 의미를 가지며, 종교나 전설에서도 중요한 캐릭터로 등장합니다. 이들은 우리의 일상에서 뿌리 깊은 의미를 제공하며, 우리에게 무한한 행복과 사랑을 선사합니다. 그래서 우리는 동물을 키우고, 그들과 함께 생활함으로써 더 풍요로운, 더 연결된 삶을 살 수 있습니다.

셋째, 정서적 지지와 연결입니다. 반려동물은 종종 우리의 가장 가까운 친구가 되며, 그들과 함께 시간을 보내면서 깊은 정서적 연결을 형성합니다. 반려동물은 우리에게 무조건적인 사랑과 충실함을 제공하며, 외로움을 완화하고 스트레스를 감소시키는 데 도움을 주고 있습니다.

넷째, 신체적 운동과 활동을 촉진합니다. 반려동물을 키우는 것은 더 많은 신체적 운동과 활동을 유도하는 데 도움이 됩니다. 특히 강아지나 고양이와 같은 반려동물은 활발한 활동을 요구하며, 이는 우리가 더 많은 야외 활동과 운동을 즐기도록 도와줍니다. 반려동물과 함께 산책하거나 놀이를 하면서 우리는 건강한 라이프스타일을 유지할 수 있습니다. 산책, 놀이, 그리고 야외 활동은 반려동물과의 상호 작용을 통해 더 활발한 생활을 촉진하며, 이는 우리의 건강과 행복에 긍정적인 영향을 미치고 있습니다.

다섯째, 사회적 상호 작용을 촉진합니다. 반려동물은 사회적 상호 작용과 연결을 촉진하는 데 도움을 주고 있습니다. 반려동물은 산책이나 동물 애호가 모임과 같은 활동을 통해 다른 사람들과의 사회적 상호 작용을 촉진합니다. 반려동물 소유자는 동물 공원, 반려동물 행사 및 동호회와 같은 곳에서 다른 사람들과 소통하고 새로운 친구를 사귈 수 있습니다. 또한 반려동물은 주변 사람들과 공통 관심사와 주제를 공유하는 기회를 제공해 주고 있습니다.

결론적으로, 인간이 반려동물을 키우는 이유와 이점은 다양하고 복합적입니다. 인간과의 오랜 공존, 정서적 지지, 유용한 동반자로서의 역할, 운동 및 활동 유도, 사회적 상호 작용 및 연결, 그리고 문화적 특성은 이러한 관계의 주요 동기 중 하나입니다. 이러한 관계는 우리의 삶을 더 풍요롭게 만들고 우리의 행복과 안녕을 증진시키는 데 기여하고 있습니다. 반려동물은 우리 삶에 긍정적인 영향을 미치며, 이러한 이유들로 많은 사람들이 그들을 가족의 일원으로 받아들이고 있습니다.

제3절. 반려동물의 중요성과 우리 삶에 미치는 영향

반려동물은 우리의 일상에서 점차 더 중요한 역할을 하고 있습니다. 과거에는 주로 농업, 경비, 사냥 등의 목적으로만 동물을 기르는 경우가 대부분이었지만, 현대 사회에서는 그들이 우리의 가족 구성원으로서 더욱 특별한 의미를 지니고 있습니다. 이 절에서는 반려동물의 중요성과 그들이 우리 삶에 미치는 영향에 대해 다양한 측면에서 살펴보고자 합니다.

첫째, 책임감과 배려심의 향상입니다. 반려동물을 돌보는 과정은 책임감과 배려심을 키우는 데 도움이 됩니다. 반려동물을 키우는 것은 우리에게 책임을 부여하고 자신의 돌봄과 안녕을 책임져야 한다는 의미입니다. 이러한 책임은 어린이와 가족 구성원에게 유용한 교훈을 제공하며, 동물에 대한 배려와 존중을 가르쳐 줍니다. 또한 이것은 자기관리 및 자기희생을 향상시키는 기회를 제공하며, 일상생활에서 중요한 측면 중 하나로 나타납니다. 이를 통해 우리는 더 큰 책임감을 가지게 되고 타인의 필요를 이해하고 돌봄을 제공하는 능력을 키울 수 있습니다.

둘째, 긍정적인 마인드셋과 자기 계발입니다. 반려동물을 키우는 것은 긍정적인 마인드셋을 갖게 하고 또한 자기 계발을 촉진합니다. 반려동물을 훈련시키거나 돌보는 과정에서 긍정적인 보상 강화 방법과 일정한 규칙을 만들어야 하며, 이는 우리에게 조직력과 계획 능력을 키워 주는 데 도움이 됩니다. 또한 동물의 건강을 돌보는 것은 우리 스스로의 지식과 능력을 향상시키는 좋은 방법이 되기도 합니다. 또한, 반려동물은 주인과 가족 간의 유대감을 향상시키며 가족 구성원 간에 이해와 협력을 증진시키기도 합니다.

셋째, 건강한 라이프스타일입니다. 반려동물은 우리에게 더 건강한 라이프스타일을 촉진합니다. 산책, 놀이, 그리고 활동적인 시간을 공유함으로써, 우리는 더 활기찬 생활을 즐길 수 있습니다. 또한, 반려동물을 돌보는 일상적인 활동은 운동량을 늘리고 신체적 활동을 촉진합니다.

넷째, 사회적 관계 강화입니다. 반려동물은 사회적 관계를 강화하는 데 도움을 줍니다. 반려동물을 산책시키거나 공원에서 다른 반려동물 주인들과 만나면 새로운 친구를 사귈 기회가 늘어나며, 이는 사회적 연결성을 증가시키고 외로움을 덜어 줍니다. 산책을 하거나 동물 애호가 모임에 참석함으로써 새로운 친구를 만나고 사회적 네트워크를 확장할 수 있습니다.

결론적으로, 반려동물은 우리의 삶에서 중요한 역할을 하며, 우리의 정서적, 신체적, 사회적, 그리고 정신적 측면에서 긍정적인 영향을 미치고 있습니다. 그들은 우리의 가족 구성원이자 친한 친구로서, 우리의 삶을 더 풍요롭게 만들어 주는 존재이기도 합니다. 반려동물의 중요성을 인식하고 그들을 사랑으로 돌봐 주는 것은 우리의 삶을 더 풍요롭고 행복하게 만드는 데 큰 기여를 할 것입니다.

반려동물 종류

제1절. 강아지

강아지는 오랫동안 인간의 가장 가까운 친구 중 하나로서 함께 생활하며 상호 작용하고 공감하는 반려동물 중 하나입니다. 강아지는 다양한 품종과 특성을 가지고 있으며, 이 절에서는 몇 가지 인기 있는 강아지 품종을 살펴보고 그들의 체격 크기, 성격, 주요 특성, 그리고 키울 때 주의해야 할 점 등에 대해 설명하겠습니다. 하지만, 강아지를 선택할 때는 가족의 생활 양식과 운동 수준, 훈련 등을 고려하여 가장 적합한 품종을 고르는 것이 중요합니다.

KB금융지주 경영연구소의 〈2023 한국 반려동물 보고서〉에 의하면, 국내에서 인기가 많은 강아지 9종은 아래와 같다고 합니다. 이 보고서에서 제시한 상위 9종을 포함하여 2021년까지의 인터넷상의 정보를 기반으로 ChatGPT를 활용하여 한국에서 가장 많이 기르는 강아지 종류 44종을 다음과 같이 선정하였습니다. 한국에서도 강아지의 인기는 계속 변하고 있으며, 새로운 품종, 특히 혼합종(mixed-breed dog, 한국에서는 반려동물 애호가들 사이에서는 “믹스견”, 또는 “하이브리드견”이라 통칭하고 있음)들이 등장하면서 순위가 변할 수 있습니다. 또한, 개인의 취향에 따라 다양한 강아지 품종을 선택하는 경우도 많기 때문에 상위 9위를 제외한 하위 순위는 공식적인 것이 아니므로 참고용으로 생각하시면 될 것입니다. 이 순서는 2021년까지의 인터넷상의 정보를 기반으로 하였습니다.

1. 말티즈(Maltese)
2. 푸들(Poodle)
3. 말티푸(Maltipoo) (말티즈 + 푸들)
4. 코카푸(Cockapoo) (코커스패니얼 + 푸들)
5. 폼피츠(Pomchi) (포메라니안 + 스피츠)
6. 포메라니안(Pomeranian)
7. 진돗개(Korean Jindo)
8. 시츄(Shih Tzu)
9. 비숑 프리제(Bichon Frise)
10. 골든 리트리버(Golden Retriever)
11. 치와와(Chihuahua)
12. 요크셔 테리어(Yorkshire Terrier)
13. 닥스훈트(Dachshund)
14. 보스턴 테리어(Boston Terrier)
15. 불독(English Bulldog)
16. 시베리안 허스키(Siberian Husky)
17. 라브라도 리트리버(Labrador Retriever)

18. 노퍽 테리어(Norfolk Terrier)

19. 달마시안(Dalmatian)

20. 도베르만 핀셔(Doberman Pinscher)

21. 댄디 딘몬트 테리어(Dandie Dinmont Terrier)

22. 로트와일러(Rottweiler)

23. 미니어처 핀셔(Miniature Pinscher)

24. 보더 콜리(Border Collie)

25. 불가리안 쉐퍼드(Bulgarian Shepherd)

26. 불마스티프(Bullmastiff)

27. 보르조이(Borzoi)

28. 비글(Beagle)

29. 사모예드(Samoyed)

30. 스피츠(Japanese Spitz)

31. 샤페이(Shar Pei)

32. 시바 이누(Shiba Inu)

33. 아프간 하운드(Afghan Hound)

34. 아메리칸 에스키모 독(American Eskimo Dog)

35. 아키타(Akita)

36. 아키타 이누(Akita Inu)

37. 오스트레일리안 캐틀 독(Australian Cattle Dog)

38. 아이리쉬 세터(Irish Setter)

39. 이탈리안 그레이하운드(Italian Greyhound)

40. 잭 러셀 테리어(Jack Russell Terrier)

41. 차우차우(Chow Chow)
42. 프렌치 불독(French Bulldog)
43. 빠삐용(Papillon)
44. 휘펫(Whippet)

제1항. 말티즈(Maltese)

체격 크기:

- 소형견으로 분류됩니다.
- 성인견의 어깨 높이는 대략 20-25㎝ 정도이고, 몸무게는 보통 3-4㎏ 정도입니다.
- 작은 사이즈 때문에 아파트나 작은 주택에서도 키우기에 적합합니다.

성격:

- 활발하고 사랑스러운 성격을 가지고 있습니다. 그들은 주인에게 매우 충실하며 애정 어린 동반자로서 유명합니다.
- 사회성이 뛰어나며 다른 동물과도 잘 어울리며, 어린이와 가족 구성원들과도 잘 지낼 수 있습니다.
- 활발하고 호기심이 많아 놀이와 뛰어다니는 것을 좋아합니다. 충분한 운동과 놀이 시간을 제공해 주어야 합니다.

주요 특성:

- 길고 풍부한 털을 가지고 있으며, 말티즈의 털은 주기적인 그루밍

(grooming)이 필요합니다. 그들의 털은 흰색이 주로이지만 아이보리나 베이지색도 있을 수 있습니다.

- 작은 사이즈와 함께 집에서 키우기 적합한 견종입니다. 그러나 적절한 사회화(socialization) 훈련을 받아야 합니다.
- 건강을 유지하기 위해 규칙적인 수유, 예방 접종 및 정기적인 수의사 검진이 필요합니다.

키울 때 주의점:

- 사람과 함께 있기를 좋아하므로 외로움을 느끼지 않도록 주인과의 꾸준한 상호 작용이 필요합니다.
- 털이 길고 풍부하므로 주기적인 그루밍이 필요합니다. 털에 이물질이 묻지 않도록 깨끗하게 유지해야 하며, 털 끝에 엉키거나 비틀린 부분을 방지해야 합니다.
- 적절한 사회화 훈련을 제공하여 다른 동물과의 상호 작용을 촉진하는 것이 좋습니다.
- 소음에 민감할 수 있으므로 조용한 환경을 제공하려 노력해야 합니다.

제2항. 푸들(Poodle)

체격 크기:

- 소형견으로 분류되고 있습니다. 그러나, 다음과 같이 세 가지 주요 크기로 나뉩니다.
- 스탠다드 푸들: 어깨 높이 약 45-60㎝, 몸무게는 18-30㎏ 정도입니다.

- 미니어처 푸들: 어깨 높이 약 28-35㎝, 몸무게는 5-9㎏ 정도입니다.
- 토이 푸들: 어깨 높이 약 24-28㎝, 몸무게는 2-4㎏ 정도입니다.

성격:

- 똑똑하고 학습력이 뛰어나며, 주인에게 충실하고 애정을 가지는 성격을 가지고 있습니다.
- 활발하고 에너지 넘치는 면이 있어 적당한 운동이 필요합니다.
- 사회적이며 다른 동물과도 잘 지낼 수 있습니다.

주요 특성:

- 물 위에서 수영하는 것을 좋아하며, 수영 기술을 자연스럽게 가지고 있습니다.
- 유전적으로 알레르기 반응이 낮은 편이라는 장점이 있어 알레르기가 있는 가정에서도 키우기 좋습니다.
- 무턱대고 날카로운 무릎이나 손바닥에 손을 대지 않는 것이 좋습니다.

키울 때 주의점:

- 사회적인 동물이므로 조기 사회화가 필요합니다. 어릴 때 다른 강아지와 사람들과 친숙해지도록 노력해야 합니다.
- 머리카락은 계속 자라기 때문에 정기적인 그루밍(grooming)이 필요합니다. 만약 자신만의 그루밍을 하기 어렵다면 전문적인 그루머(groomer)를 찾아 주는 것이 좋습니다.
- 적절한 운동을 제공하고, 지루함을 피하기 위해 놀이와 두뇌 훈련을

통해 지능적인 면을 만족시켜 주는 것이 좋습니다.

제3항. 말티푸(Maltipoo) (말티즈 + 푸들)

체격 크기:

- 소형견으로 분류됩니다.
- 성인견의 어깨 높이는 대략 20-30㎝정도이고, 몸무게는 보통 2-4㎏ 정도입니다.
- 아파트나 작은 집에서도 편안하게 지낼 수 있는 크기입니다.

성격:

- 활발하고 사교적인 성격을 가집니다. 이들은 주인과 가족 구성원들과 놀기를 즐기며, 사람들에게 애정을 많이 보입니다.
- 지능적이며 똑똑해서 훈련이 비교적 쉽습니다. 푸들의 지능과 말티즈의 친근함을 결합한 것으로, 기본적인 훈련과 사회화 활동에 좋은 성향을 가집니다.

주요 특성:

- 말티푸는 털이 부드럽고 곱슬한 푸들과 말티즈의 특징을 모두 가지고 있으므로 미용과 관리가 필요합니다. 털을 자주 빗고, 주기적으로 미용사에게 방문하여 털을 깨끗하게 관리해야 합니다.
- 활동량이 높은 편이므로 매일 꾸준한 산책과 놀이가 필요합니다.
- 사람들과의 사회화가 중요하며, 다른 반려동물과도 잘 어울립니다.

그러나 각 개체의 성격에 따라 다를 수 있으므로 처음부터 사회화를 시작하는 것이 좋습니다.

키울 때 주의점:

- 사람들과 함께 시간을 보내는 것을 좋아하므로, 적절한 사회화와 교육이 필요합니다. 훈련과 사회화 교육을 제때 시작하면 불필요한 행동 문제를 방지할 수 있습니다.
- 털 관리에 신경을 써야 하므로, 먼지와 더러움을 피하고 털에 이물질이 끼지 않도록 주의해야 합니다.
- 적절한 식사와 운동을 제공하여 과체중을 피하도록 노력해야 합니다.

제4항. 코카푸(Cockapoo) (코커스패니얼 + 푸들)

체격 크기:

- 중형견으로 분류됩니다.
- 성인견의 어깨 높이는 보통 36-38㎝ 정도이고, 몸무게는4-11㎏ 정도입니다.

성격:

- 지능적이고 활발한 성격을 가지고 있습니다.
- 사회적이며 사람들과 잘 어울리며, 다른 반려동물과도 잘 지낼 수 있습니다.
- 푸들의 똑똑함과 코커스패니얼의 활기찬 성격이 결합되어, 훈련에

상대적으로 빠르게 반응하고 새로운 명령을 배울 수 있습니다.
- 적극적이면서도 다소 감각적이며, 주인과의 상호 작용을 즐깁니다.

주요 특성:

- 코카푸는 푸들과 코커스패니얼의 혼합 특성을 가집니다. 이는 보통 긴 털과 부드러운 모피를 갖는 경향이 있습니다.
- 털의 색상은 다양할 수 있으며, 크림, 초콜릿, 블랙, 블랙 앤 화이트, 블랙 앤 터틀 등이 있을 수 있습니다.
- 주기적인 그루밍이 필요하며, 털이 매우 모집니다.

키울 때 주의점:

- 충분한 운동과 활동을 제공해야 합니다. 코카푸는 활발하고 에너지 넘치는 강아지로, 일상적인 산책과 놀이가 필요합니다.
- 훈련과 사회화가 중요합니다. 이러한 훈련은 강아지의 높은 지능을 존중하고 촉진합니다.
- 모피 관리가 필요하며, 주기적인 미용실 방문과 빈번한 빗질이 필요할 수 있습니다.
- 적절한 사회적 환경을 제공하여 새로운 사람과 다른 강아지와의 만남을 허용해야 합니다.

제5항. 폼피츠(Pomchi) (포메라니안 + 스피츠)

체격 크기:

- 폼피츠의 크기는 부모 개체의 유전자에 따라 다를 수 있습니다. 일반적으로는 소형견으로 분류되고 있습니다.
- 성인견의 어깨 높이는 일반적으로 15-28㎝ 정도이고, 몸무게는 4-8㎏ 정도입니다.

성격:

- 활발하고 애정 넘치며 사람들과 친화적인 성격을 가집니다.
- 주인에 대한 충성심이 강하며, 주인과의 상호 작용을 즐깁니다.
- 장난기가 많고 호기심이 많은 편이라서, 적절한 훈련과 활동이 필요합니다.

주요 특성:

- 촉감이 뛰어나고, 소리를 듣는 감각이 발달되어 경계심이 강할 수 있습니다.
- 견종 간에 모양과 성격이 다양하므로 개체마다 다를 수 있습니다.
- 자주 짖을 수 있으므로, 소음에 민감한 환경에서는 훈련이 필요할 수 있습니다.
- 다른 강아지나 동물과 잘 어울리지만, 어린 아이들과 함께 머무를 때 조심스러워야 할 수도 있습니다.

키울 때 주의점:

- 적절한 훈련과 사회화가 필요합니다. 사회화가 부족하면 소심하거나 공격적일 수 있으므로, 다른 강아지와 사람들과의 만남을 통해 사회화를 촉진시켜야 합니다.
- 적당한 운동과 활동이 중요합니다. 활발한 성격을 가지고 있으므로 일상적인 산책과 놀이 시간이 필요합니다.
- 작은 강아지이므로 식사량과 품질을 주의 깊게 관리하고, 예방 접종 및 정기적인 수의사 검진을 받아야 합니다.

제6항. 포메라니안(Pomeranian)

체격 크기:

- 소형견으로 분류됩니다.
- 일반적으로 성인견의 어깨 높이는 대략 18-22㎝ 정도이며, 몸무게는 2-3㎏ 정도입니다.
- 아파트나 작은 주택에서도 키우기에 적합하며, 이동이나 여행 시에도 편리합니다.

성격:

- 활발하고 사람을 좋아하는 성격을 가지고 있습니다.
- 주인에게 충실하고 애정 어린 반려견으로 잘 알려져 있으며, 다른 강아지와 친숙하게 지낼 수 있는 활발한 태도를 보입니다.
- 조기 사회화가 필요하며, 상당히 강한 성격을 가지고 있어 훈련과 교

육이 필요합니다.

- 주의해야 할 점은 작기 때문에 자신이 큰 강아지라고 생각하는 경우 때로는 과감하게 행동할 수 있으므로 적절한 교육이 중요합니다.

주요 특성:

- 머리에 뾰족한 귀와 풍성한 꼬리를 가지고 있습니다.
- 두꺼운 이중 모피 코트로 덮여 있으며, 겨울철에는 특히 따뜻하게 관리해야 합니다.
- 다양한 색상과 패턴의 모피가 있으며, 모피 관리가 중요합니다.
- 활발하고 호기심이 많으며, 게임과 놀이를 즐깁니다.

키울 때 주의점:

- 두꺼운 모피를 가지고 있으므로 정기적인 미용과 빗질이 필요합니다. 특히 모피가 빠지지 않도록 주의해야 합니다.
- 사회화를 잘 시키고 기본적인 훈련을 통해 양육해야 합니다. 사소한 사건에 반응하는 경향이 있으므로 무분별한 짖음을 통제하는 훈련이 중요합니다.
- 작은 크기이지만 활발한 강아지이므로 매일 적절한 운동을 제공해야 합니다. 짧은 산책과 놀이 시간을 포함시켜 주시면 좋습니다.
- 구강 건강에 주의해야 하며, 정기적인 건강 검진과 예방 접종이 필요합니다.

제7항. 진돗개(Korean Jindo)

체격 크기:

- 중형견으로 분류됩니다.
- 성별에 따라 약간의 차이가 있을 수 있지만, 일반적으로 어깨 높이는 대략 45-55㎝ 정도이며, 몸무게는 15-23㎏ 정도입니다.

성격:

- 영리하고 충성스러운 성격을 가진 견종으로 알려져 있습니다.
- 주인에게 매우 헌신적이며, 가족과의 밀접한 관계를 선호합니다.
- 주인의 명령에 잘 따르며 훈련이 비교적 쉽습니다.
- 처음 보는 사람에 대한 조심성을 가질 수 있으므로 사회화 훈련이 중요합니다.

주요 특성:

- 고집이 있을 수 있으며, 일관된 훈련과 긍정적인 강화가 필요합니다.
- 용감하고 자신감이 있으며, 종종 수호심이 강합니다.
- 진도 섬에서 사냥견으로 기르기 시작했기 때문에 사냥 본능이 강하며, 다른 동물을 쫓아갈 수 있습니다.

키울 때 주의점:

- 훈련과 사회화를 통해 긍정적인 성격을 개발할 수 있습니다. 이를 통해 다른 동물과 사람들과의 상호 작용을 잘할 수 있습니다.

- 활동적인 견종으로, 일정한 운동이 필요합니다. 긴 산책, 뛰어넘기, 놀이 시간을 제공해 주는 것이 중요합니다.
- 털은 짧고 밀집 색이며, 쓰다듬어 주고 빗어 주는 정기적인 미용이 필요합니다.
- 일반적으로 건강하며 장수하나, 유전적인 건강 문제를 주의해야 합니다.

제8항. 시츄(Shih Tzu)

체격 크기:

- 소형견으로 분류되고 있습니다.
- 성인견의 어깨 높이는 대략 22-27㎝ 정도이고, 몸무게는 대략 5-7㎏ 사이입니다.

성격:

- 매우 사교적이고 애정 어린 성격을 가지고 있습니다. 그들은 주인과 가족과의 교류를 즐기며 무척 애정 어립니다.
- 친근하고 친절하며 다른 동물과 어울리기 좋아합니다.
- 조용한 견종으로 알려져 있지만, 때로는 강아지 스스로 음성을 내거나 외부 자극에 반응할 수 있습니다.

주요 특성:

- 아름다운 털을 가지고 있으며 길고 부드러운 겨울 코트를 가지고 있

습니다.

- 털이 길기 때문에 매일 빗어 줘야 하며 주기적인 그루밍이 필요합니다.
- 활발한 강아지라 휴식과 놀이 시간을 균형 있게 가질 필요가 있습니다.
- 지능이 높고 학습 능력이 뛰어나므로 기본적인 훈련을 잘 받을 수 있습니다.

키울 때 주의점:

- 긴 털은 꾸준한 관리가 필요하므로 그루밍이 필수입니다. 특히 겨울에는 더 주의해야 합니다.
- 적절한 사회화 훈련이 중요하며, 다른 강아지와 사람들과의 긍정적 상호 작용 경험을 통해 사회적으로 안정된 성격을 가질 수 있도록 도와주어야 합니다.
- 물과 놀기를 좋아합니다. 물통과 놀이 시간을 포함하여 적절한 운동을 제공해야 합니다.
- 건강을 지키기 위해 정기적인 예방 접종 및 건강 검진이 필요합니다.

제9항. 비숑 프리제(Bichon Frise)

체격 크기:

- 소형견으로 분류됩니다.
- 일반적으로 성인견의 어깨 높이는 23-30㎝ 정도이고, 몸무게는 대략 5-8㎏ 정도입니다. 그러나 성별에 따라 약간의 차이가 있을 수 있습니다.

성격:

- 매우 사랑스럽고 활발한 성격을 가지고 있습니다.
- 다른 사람들과 상호 작용하는 것을 좋아하며, 사회적이고 친근하며 애정 어린 강아지로 알려져 있습니다.
- 주인과 가족과의 밀접한 유대감을 형성하며 주인에게 충실하고 애정을 베푸는 경향이 있습니다.

주요 특성:

- 털은 곡선을 그리며 부드럽고 촉촉한 특징을 가지고 있습니다. 이 털은 자주 빗어 주고 물을 맞춰 주어 깨끗하게 유지해야 합니다. 물론 정기적인 그루밍이 필요합니다.
- 똑똑하고 학습 능력이 뛰어납니다. 훈련이 잘되며 기본적인 명령들을 빠르게 배울 수 있습니다.
- 활발하고 에너지 넘치는 편이지만, 크기가 작기 때문에 적당한 운동과 놀이를 제공해 주어야 합니다.

키울 때 주의점:

- 털은 빠르게 자랄 수 있으며 헝클어질 수 있으므로 정기적인 그루밍이 필요합니다.
- 좋은 훈련과 사회화는 이 강아지를 잘 키우는 데 필요한 중요한 부분입니다. 이것은 잘 행동하게 하고 다른 강아지와 사람들과 잘 어울리게 만들어 줄 것입니다.
- 활발하지만 작은 크기 때문에 과도한 운동은 피해야 합니다. 그러나

일간 산책과 놀이 시간은 제공해 주어야 합니다.

- 피부 및 알레르기 문제가 발생할 수 있으므로 정기적인 건강 검진과 예방 접종이 필요합니다.

제10항. 골든 리트리버(Golden Retriever)

체격 크기:

- 중대형견으로 분류됩니다. 그러나 성별에 따라 약간의 차이가 있을 수 있습니다.
- 수컷의 경우, 성인견의 어깨 높이는 대략 56-61㎝ 정도이고, 몸무게는 대략 30-34kg 정도입니다.
- 암컷은 수컷보다 작을 수 있으며, 암컷의 경우, 성인견의 어깨 높이는 51-56㎝ 정도이고, 몸무게는 대략 25-32kg 정도입니다.

성격:

- 매우 친근하고 사람을 좋아하는 성격을 가지고 있습니다.
- 친숙한 사람이나 다른 동물과 잘 어울리며, 특히 아이들과 잘 지냅니다.
- 똑똑하고 학습 능력이 뛰어나기 때문에 훈련하기 쉽습니다. 그래서 사냥견, 구조견, 치료견, 인도견 등 다양한 분야에서 활약하고 있습니다.
- 활발하며 에너지 넘치는 성격이기 때문에 충분한 운동과 놀이가 필요합니다.

주요 특성:

- 눈부시게 아름다운 금빛 털이 특징입니다. 두툼하고 무엇보다도 부드러운 덴스 코트를 가지고 있으므로, 털을 자주 손질해야 합니다.
- 매우 사교적이며 사람들과 가까운 관계를 원합니다.
- 똑똑하고 학습 능력이 뛰어나기 때문에 다양한 훈련과 활동을 통해 지능적인 자극을 제공해야 합니다.
- 과도한 배회나 고립은 불안과 행동 문제를 유발할 수 있으므로 주인과 많은 시간을 보내도록 해야 합니다.

키울 때 주의점:

- 충분한 운동을 제공해야 합니다. 골든 리트리버는 활발하고 에너지 넘치는 품종이므로 매일 적어도 30분 이상의 활동이 필요합니다.
- 사회화 훈련이 중요합니다. 어린 시절부터 다른 강아지와 사람들과 함께 지내면 사회적으로 잘 적응하게 됩니다.
- 정기적인 미용과 털 손질이 필요합니다. 특히 털이 긴 부분은 더욱 주의를 기울여 관리해야 합니다.
- 관절 문제와 비만에 취약할 수 있으므로 꾸준한 건강 관리가 필요합니다.

제11항. 치와와(Chihuahua)

체격 크기:

- 소형견으로 분류됩니다.

- 일반적으로 성인견의 어깨 높이는 13-23㎝ 사이이며, 몸무게는 1.5-3 ㎏ 정도입니다.

성격:

- 사랑스럽고 충실한 성격을 가진 강아지입니다.
- 주인과 무엇보다도 가까운 관계를 형성하려 하며, 주인에게 충성스럽고 애정 어린 행동을 보이곤 합니다.
- 매우 자신감이 강하고 용감한 면도 있습니다.
- 때로는 다른 강아지나 이 밖에 큰 동물에게 공격적인 모습을 보일 수 있으므로 주의가 필요합니다.

주요 특성:

- 지능적이고 빠르게 학습합니다. 훈련이 잘되며, 기본적인 명령어를 빨리 익힙니다.
- 사람 친화적이며, 주인과 가족 구성원들과 밀접한 관계를 형성합니다.
- 작은 체구에도 불구하고 활동적이며, 적당한 운동을 필요로 합니다.
- 짧은 털을 가지고 있어 털 관리가 비교적 쉽습니다.
- 추위에 민감하므로 추운 날씨에는 따뜻하게 옷을 입히는 것이 좋습니다.

키울 때 주의점:

- 작은 품종이므로 부드럽게 다뤄야 하며, 너무 높이 떠서 떨어뜨리거나 다치게 해서는 안 됩니다.

- 훈련과 사회화를 중요하게 생각해야 합니다. 이들을 어린 시절부터 다른 강아지와 사람들과 친숙하게 만들어 주면 사회성이 향상됩니다.
- 일반적으로 건강한 식사 습관을 유지하고, 비만을 피하기 위해 적절한 양의 음식을 제공해야 합니다.
- 털을 정기적으로 손질하여 털 빠짐과 피부 문제를 방지해야 합니다.
- 정기적인 건강 검진이 필요하며, 치와와는 치아 문제가 발생하기 쉬우므로 치과 관리에도 주의를 기울여야 합니다.

제12항. 요크셔 테리어(Yorkshire Terrier)

체격 크기:

- 소형견으로 분류됩니다.
- 일반적으로 성인견의 어깨 높이는 약 18-23㎝ 정도이고, 몸무게는 보통 2-4㎏ 정도입니다.
- 아파트나 작은 집에서 키우기에 적합하며, 이동이 편리합니다.

성격:

- 활발하고 호기심이 많으며, 집에서도 활발하게 활동할 필요가 있습니다.
- 주인에게 매우 충실하고 애정이 넘치며, 가족 구성원으로서 훌륭한 동반자가 될 수 있습니다.
- 고집이 강하고 때로는 고집스러울 수 있으므로 교육과 사회화가 중요합니다.

주요 특성:

- 특징 중 하나는 길고 진한 모직 털입니다. 이들의 털은 정기적인 그루밍이 필요하며, 꾸준한 미용이 필요할 수 있습니다.
- 작지만 활발하며, 적당한 운동이 필요합니다. 짧은 산책과 놀이 시간을 통해 활동량을 충족시켜야 합니다.
- 사냥 본능이 강하며, 작은 동물이나 벌레를 쫓아다닐 수 있습니다.
- 경계심이 있어 외부 소리나 이상한 사람에 대해 경고할 수 있습니다.

키울 때 주의점:

- 긴 털을 꾸준히 관리해야 합니다. 정기적인 미용사 방문과 집에서의 브러싱이 필요합니다.
- 어릴 때부터 다른 강아지와 사회화를 시키는 것이 중요합니다. 이것은 사회적인 문제와 공격성을 예방하는 데 도움이 됩니다.
- 고집이 강할 수 있으므로 꾸준하고 긍정적인 교육이 필요합니다.
- 작은 크기 때문에 다른 큰 동물이나 어린 아이들과 함께 있을 때는 항상 주의해야 합니다.

제13항. 닥스훈트(Dachshund)

체격 크기:

- 소형견으로 분류되고 있습니다. 그러나, 다음과 같이 세 가지 유형으로 나뉩니다.
- 스탠다드 닥스훈트 성인견의 어깨 높이는 대략 20-23㎝ 정도(가슴둘

레 보통 35㎝ 이상)이고, 몸무게는 대략 7-14kg 정도입니다.

- 가장 일반적인 미니어쳐 닥스훈트 성인견의 어깨 높이는 대략 12-18㎝ 정도(가슴둘레 35㎝ 전후)이고, 몸무게는 4-6kg 정도입니다.
- 미니어쳐 카닌헨 닥스훈트 성인견의 어깨 높이는 대략 12-15㎝ 정도(가슴둘레 30㎝ 이하)이고, 몸무게는3-4kg 정도입니다.

성격:

- 활발하고 호기심이 많으며, 우호적인 성격을 가지고 있습니다.
- 주인에 대한 애정이 풍부하며 가족 구성원들과 잘 어울립니다.
- 사냥성이 강하므로 다른 동물을 추격하는 경향이 있을 수 있습니다.
- 매우 용감하고 자신감이 있어 보입니다. 경계심이나 공격성이 강한 편은 아니지만, 사회화와 훈련이 중요합니다.

주요 특성:

- 사냥 본능이 강한데, 원래는 지하 동굴 등에서 오소리 등 작은 동물을 추적하고 사냥하는 목적으로 개발되었다 합니다.
- 강한 개체들도 있지만, 허리와 등에 문제가 발생하기 쉬우므로 체중관리와 조절된 운동이 필요합니다.
- 다양한 색상과 코팅 유형이 있으며, 긴 모직 털과 짧은 모직 털 두 가지 주요 종류가 있습니다.

키울 때 주의점:

- 사냥 본능이 강하므로, 안전한 환경에서 나가도록 주의해야 합니다.

특히 길가나 차량이 많은 지역에서는 반드시 목줄과 가슴줄을 사용해야 합니다.

- 꾸준하고 긍정적인 훈련을 통해 사회화와 기본적인 명령을 가르쳐야 합니다.
- 체중 관리가 중요하므로 과도한 급식을 피하고 꾸준한 운동을 제공해야 합니다.
- 등에 문제가 발생하기 쉬우므로, 닥스훈트를 들어 올리거나 높이가 높은 가구에 올라가게 하지 않는 것이 좋습니다.

제14항. 보스턴 테리어(Boston Terrier)

체격 크기:

- 소형견으로 분류됩니다.
- 일반적으로 성인견의 어깨 높이는 37-43㎝ 정도이고, 몸무게는 보통 7-11㎏ 정도입니다.

성격:

- 활발하고 사랑스러운 성격을 가진 강아지로 알려져 있습니다.
- 사람들과 잘 어울리며, 친근하고 다정한 성격을 가지고 있어 가족과 어린 아이들과 잘 지낼 수 있습니다.
- 경계심이 강하지만, 훈련을 받으면 잘 따르는 편입니다.

주요 특성:

- 외모적으로는 검은색 또는 검은색과 흰색으로 된 단정한 모습을 가지고 있습니다.
- 크고 둥근 눈과 짧은 코가 특징이며, 작은 직선적인 귀를 가지고 있습니다.
- 짧은 털을 가지고 있어 털 빗질과 청결을 유지하는 것이 중요합니다.

키울 때 주의점:

- 활발한 성격으로 매일 꾸준한 운동과 놀이를 필요로 합니다. 정기적인 산책과 놀이 시간을 확보해야 합니다.
- 훈련과 사회화 교육을 시행하여 사회적인 강아지로 키울 수 있습니다.
- 온도에 민감할 수 있으므로, 추운 날씨나 무더운 날씨에는 주의해야 합니다. 적절한 보온과 냉방을 제공해야 합니다.
- 특히 눈 주위에 주의를 기울여야 하며, 눈 건강을 유지하기 위해 정기적으로 체크업을 받아야 합니다.

제15항. 불독(English Bulldog)

체격 크기:

- 중형견으로 분류되고 있습니다. 그러나, 강아지와 성인견의 크기는 약간 다를 수 있습니다.
- 일반적으로 성인견의 경우 어깨 높이가 33-41㎝ 정도이고, 몸무게는 18-25㎏ 정도입니다.

성격:

- 온순하고 친근한 성격을 가지고 있습니다. 주인에 대한 애정이 깊으며, 가족 구성원들과 잘 어울립니다.
- 고집이 강하고 독립적인 면이 있을 수 있으므로 일찍부터 훈련과 사회화를 시키는 것이 중요합니다.
- 적극적인 놀이와 활동을 즐기며, 활기차고 재미있는 성격을 가지고 있습니다.

주요 특성:

- 외모상으로는 근육질이고 강인한 체구, 머리에 주름이 있으며 짧은 코와 물길이, 작은 귀를 가지고 있습니다.
- 특유의 얼굴 표정으로 인해 "풍선 동물"이라고도 불립니다.
- 얼굴 주위의 주름과 유명한 하품 소리로 알려져 있습니다.

키울 때 주의점:

- 특히 더운 날씨에 민감할 수 있으므로 더위에 대한 주의가 필요합니다. 더운 날씨에는 외출 시 물과 그늘을 제공해야 합니다.
- 피부 주름 주위를 깨끗하게 유지하고 건강을 지켜 주는 것이 중요합니다.
- 비교적 작은 코를 가지고 있으므로 두통이나 호흡 곤란이 있을 수 있습니다. 이에 대한 주의가 필요합니다.
- 꾸준한 사회화 훈련과 정기적인 운동이 필요하며, 고집스러운 성격에 대비하여 일찍부터 교육을 시작하는 것이 좋습니다.

제16항. 시베리안 허스키(Siberian Husky)

체격 크기:

- 중대형 견종으로 분류되고 있습니다. 그러나, 성별에 따라 약간의 차이가 있을 수 있습니다.
- 수컷의 경우, 성인견의 어깨 높이는 대략 53-60㎝ 정도이고, 몸무게는 대략 20-27㎏ 정도입니다.
- 암컷은 수컷보다 작을 수 있으며, 암컷의 경우, 성인견의 어깨 높이는 50-56㎝ 정도이고, 몸무게는 대략 16-23㎏ 정도입니다.

성격:

- 사교적이고 친근한 성격을 가지고 있습니다. 이들은 대개 사람들과 어린이, 다른 강아지와 잘 지내며 친절합니다.
- 활발하고 에너지 넘치는 성격을 가지고 있어, 활동량이 많아야 합니다. 긴 산책이나 놀이 시간이 필요합니다.
- 고집이 강할 수 있으므로, 적절한 훈련과 사회화가 중요합니다. 일찍부터 훈련을 시작하면 좋습니다.

주요 특성:

- 아름다운 외모와 아이스 블루 아이즈(얼룩이 있을 수도 있음)로 유명합니다.
- 주요 특징 중 하나는 두꺼운 겨울 모피로 추운 기후에 적응할 수 있다는 것입니다.

- 태생적으로 주인에 대한 충성심이 높으며, 가족과 함께 시간을 보내는 것을 좋아합니다.

키울 때 주의점:

- 활동량이 많으므로 충분한 운동을 제공해야 합니다. 장거리 산책과 뛰어놀 수 있는 공간이 필요합니다.
- 사회화가 중요합니다. 어린 시기부터 사람들과 교감하게 해야 합니다.
- 자유분방한 성격을 가지고 있으므로, 마음대로 돌아다니지 못하도록 안전한 울타리가 필요합니다.
- 모피가 빠지는 계절에는 무리하게 미용하지 않는 것이 좋습니다. 시베리안 허스키의 모피는 겨울에 따뜻하게 하고 여름에는 냉각하는 역할을 합니다.

제17항. 라브라도 리트리버(Labrador Retriever)

체격 크기:

- 중대형견으로 분류되고 있습니다. 그러나, 성별에 따라 약간의 크기 차이가 있을 수 있습니다.
- 수컷의 경우, 성인견의 어깨 높이는 대략 57-62㎝ 정도이고, 몸무게는 대략 29-36㎏ 정도입니다.
- 암컷은 수컷보다 작을 수 있으며, 암컷의 경우, 성인견의 어깨 높이는 55-60㎝ 정도이고, 몸무게는 대략 25-32㎏ 정도입니다.

성격:

- 친절하고 활발한 성격을 가지고 있습니다.
- 매우 사교적이며, 사람들과 다른 동물과의 교류를 즐깁니다.
- 지능이 뛰어나고 학습 능력이 높아서 훈련하기 쉽습니다. 이러한 특성으로 인해 수련견이나 구조견으로도 많이 활동합니다.
- 에너지 레벨이 높아 활동이 많이 필요하며, 놀이를 통해 에너지를 소비하는 것을 좋아합니다.

주요 특성:

- 단단하고 근육질의 체격을 가지고 있어 물에서 수영하는 것을 즐깁니다. 수영이나 수면 활동을 통해 체온을 조절합니다.
- 장기적으로 건강하게 유지하기 위해 정기적인 운동이 필요합니다. 산책, 뛰기, 수영, 던지기 등 다양한 활동을 통해 활동량을 충족시켜야 합니다.
- 먹이에 대한 욕구가 크기 때문에 식사량을 관리하고, 비만을 피하기 위해 특별한 주의가 필요합니다.

키울 때 주의점:

- 사회화와 훈련을 중요하게 생각해야 합니다. 어린 시기에 다른 강아지와 사람들과의 교류를 통해 사회성을 키우고, 기본적인 명령을 가르쳐야 합니다.
- 충분한 운동과 놀이를 제공해야 하며, 정기적인 활동을 통해 무기력함과 행동 문제를 예방할 수 있습니다.

- 영양 균형 잡힌 식사를 제공하고, 비만을 피하기 위해 간식을 제한하는 것이 좋습니다.
- 건강 검진을 정기적으로 받아야 하며, 유전적으로 발생할 수 있는 질병에 대한 주의가 필요합니다.

제18항. 노퍽 테리어(Norfolk Terrier)

체격 크기:

- 소형견으로 분류됩니다.
- 일반적으로 성인견의 어깨 높이가 약 20-25㎝ 정도이며, 몸무게는 4-6㎏ 정도입니다.

성격:

- 활발하고 경계심이 강한 성격을 가지고 있습니다.
- 우호적이고 사교적이며, 주인과 가족 구성원들과의 교류를 즐깁니다.
- 똑똑하고 호기심 많으며, 높은 학습 능력을 가지고 있습니다.

주요 특성:

- 짧은 다리와 강한 몸을 가지고 있어 지하에서 사냥을 하는 데 유용한 체형을 가집니다.
- 털은 부드럽고 촘촘하며, 주로 갈색, 블랙, 그레이, 레드, 웹색 등 다양한 컬러로 나타납니다.
- 귀여운 외모와 활기찬 성격으로 사람들 사이에서 인기가 많습니다.

- 사냥 감각이 뛰어나며, 작은 동물을 추적하고 사냥하는 데 활약했던 특성을 가지고 있습니다.

키울 때 주의점:

- 활동량이 많은 품종이므로 충분한 운동을 제공해야 합니다. 일상적인 산책과 놀이 시간을 확보해야 합니다.
- 사회화 훈련이 중요하며, 다른 강아지와 사람들과의 교류를 촉진해야 합니다.
- 털의 관리가 필요하며, 주기적인 미용실 방문이나 브러싱을 통해 털을 건강하게 유지해야 합니다.
- 훈련 시에는 긍정적인 강화법을 사용하고, 일관된 규칙과 경계를 설정해야 합니다.
- 사냥 본능이 강할 수 있으므로, 옥외 활동 시 권한 없이 돌아다니지 않도록 주의해야 합니다.

제19항. 달마시안(Dalmatian)

체격 크기:

- 중형견으로 분류됩니다. 그러나, 성별에 따라 약간의 차이가 있을 수 있습니다.
- 수컷의 경우, 성인견의 어깨 높이는 대략 58-61㎝ 정도이고, 몸무게는 대략 16-32㎏ 정도입니다.
- 암컷은 수컷보다 작을 수 있으며, 암컷의 경우, 성인견의 어깨 높이

는 56-58㎝ 정도이고, 몸무게는 대략 16-24㎏ 정도입니다.

성격:

- 활발하고 에너지 넘치는 성격을 가지고 있습니다.
- 매우 지능적이며 호기심이 많아 훈련에 재미를 느낍니다.
- 잘못된 훈련이나 사회화 부족으로 고집스럽고 공격적이 될 수 있으므로, 초기 사회화와 긍정적인 훈련이 필요합니다.

주요 특성:

- 검은색 혹은 갈색의 동그란 반점이 특징인 흰색 털을 가지고 있습니다. 이 독특한 외모로 유명합니다.
- 활동적이며 뛰어놀기를 좋아합니다.
- 주인과 가족에 대한 애정을 가지며, 올바른 사회화를 통해 다른 동물과도 잘 지낼 수 있습니다.
- 경계심이 강하므로 경비견으로 활동하기도 했으나, 사람들에게 과하게 짖거나 공격적으로 나타날 수 있으므로 조심해야 합니다.

키울 때 주의점:

- 일찍부터 훈련을 시작하고 다양한 환경과 사람, 다른 동물과의 교류를 통해 사회적 능력을 개발하는 것이 좋습니다.
- 활발한 강아지로, 충분한 운동과 놀이가 필요합니다. 매일 산책과 뛰어놀기 시간을 확보해야 합니다.
- 털은 짧지만 털 빠짐이 있을 수 있습니다. 정기적인 빗질로 털 관리

를 해 주어야 합니다.

- 눈, 귀, 피부 등을 정기적으로 체크하고, 건강 상태를 주의 깊게 관리해야 합니다.

제20항. 도베르만 핀셔(Doberman Pinscher)

체격 크기:

- 중형견으로 분류되고 있습니다. 그러나, 성별에 따라 약간의 차이가 있을 수 있습니다.
- 수컷의 경우, 성인견의 어깨 높이는 대략 60-70㎝ 정도이고, 몸무게는 대략 35-45㎏ 정도입니다.
- 암컷은 수컷보다 작을 수 있으며, 암컷의 경우, 성인견의 어깨 높이는 50-60㎝ 정도이고, 몸무게는 대략 27-35㎏ 정도입니다.

성격:

- 지능적이고 충실한 성격을 가진 강아지로 알려져 있습니다.
- 주인에게 충성스럽고 훈련을 받기에 뛰어나며, 경계심이 강해 가족을 보호하기 위해 최선을 다한다고 합니다.
- 적절한 사회화 및 훈련을 받지 않으면 과도하게 신경질적일 수 있으므로 초기 사회화와 훈련이 중요합니다.

주요 특성:

- 아주 똑똑한 강아지로, 명령을 빠르게 이해하고 순종적으로 수행합

니다.

- 가족을 보호하는 데 뛰어나며, 경계심이 강할 수 있습니다.
- 활발하고 에너지 넘치는 품종으로, 적절한 운동이 필요합니다.
- 개인의 개성과 유머 감각을 가지고 있어 가족과 함께 놀기를 즐깁니다.
- 일반적으로 건강한 강아지로 알려져 있으나, 유전적인 질병에 주의해야 합니다.

키울 때 주의점:

- 강한 성격을 가지고 있으므로 초기부터 적절한 훈련과 사회화가 필요합니다. 특히 어린 시절부터 시작해야 합니다.
- 활발한 성격의 품종으로, 일상적인 활동과 충분한 운동 기회를 제공해야 합니다.
- 건강한 품종이지만, 유전적 질병에 주의해야 합니다. 정기적인 건강검진이 필요합니다.
- 가족과 더불어 시간을 보내는 것을 즐깁니다. 외로움을 느끼지 않도록 주인과 함께 시간을 보내야 합니다.

제21항. 댄디 딘몬트 테리어(Dandie Dinmont Terrier)

체격 크기:

- 소형견으로 분류됩니다.
- 일반적으로 성인견의 어깨 높이는 약 20-28㎝ 정도이고, 몸무게는 약 8-11㎏ 정도입니다.

성격:

- 알람 시스템처럼 용감하고 경계심이 많은 강아지입니다. 작지만 용맹하며 가족을 보호하는 데 열심입니다.
- 지능적이고 똑똑하여 훈련이 잘되며, 충실하고 애정 어린 성격을 가지고 있습니다.
- 다른 강아지와의 사회화가 중요하며, 잘 훈련된 경우 다른 반려동물과도 잘 어울릴 수 있습니다.

주요 특성:

- 외모적으로 긴 몸통, 짧은 다리, 길고 특이한 털 모질라를 가지고 있습니다. 털은 부드럽고 곱슬하며, 다양한 색상과 패턴을 가질 수 있습니다.
- 사냥견으로 태어났으며, 작은 동물을 사냥하는 데 뛰어난 능력을 갖고 있습니다.

키울 때 주의점:

- 충분한 운동이 필요하므로 일정한 산책과 놀이 시간을 제공해야 합니다.
- 털이 꼬리와 다리 주위에 많이 모이므로 정기적인 미용 및 손질이 필요합니다.
- 사회화를 잘 시키고, 기본적인 훈련을 제공하여 사회적 문제를 예방해야 합니다.

제22항. 로트와일러(Rottweiler)

체격 크기:

- 대형견으로 분류되고 있습니다. 그러나, 성별에 따라 약간의 차이가 있을 수 있습니다.
- 수컷의 경우, 성인견의 어깨 높이는 대략 61-69㎝ 정도이고, 몸무게는 대략 50-60kg 정도입니다.
- 암컷은 수컷보다 작을 수 있으며, 암컷의 경우, 성인견의 어깨 높이는 56-63㎝ 정도이고, 몸무게는 대략 35-48kg 정도입니다.

성격:

- 충실하고 용감한 성격을 가진 품종입니다.
- 가족을 위해 헌신적이며, 훈련에 잘 반응하며 지능적입니다.
- 보호 본능이 강하며, 주인을 위해 헌신적으로 일할 수 있습니다.

주요 특성:

- 힘이 세고 용감한 특성을 가지고 있어 가족을 보호하고 안전을 유지하는 데 탁월합니다.
- 자신과 가족을 방어하기 위해 높은 경계심을 가질 수 있으므로, 사회화 훈련이 중요합니다.
- 높은 지능을 가지고 있어 훈련이 비교적 쉽습니다. 그러나 일찍부터 충분한 사회화와 훈련이 필요합니다.
- 주인에게 충실하며, 가족과의 상호 작용을 즐깁니다.

키울 때 주의점:

- 사회화 훈련을 받아 다른 강아지와 사람들과 잘 어울릴 수 있도록 해야 합니다.
- 활동량이 높은 강아지로, 충분한 운동과 활동이 필요합니다. 일상적인 산책과 놀이 시간을 확보해야 합니다.
- 강한 리더십을 필요로 합니다. 주인이 압도적인 리더 역할을 해야 하며, 일찍부터 훈련을 시작하는 것이 중요합니다.
- 대형견은 관절 및 소화계 문제가 발생할 수 있으므로 정기적인 건강 검진과 적절한 사료를 제공해야 합니다.
- 보호 본능이 강할 수 있으므로 처음으로 이들을 만날 때 주의해야 합니다.

제23항. 미니어처 핀셔(Miniature Pinscher)

체격 크기:

- 소형견으로 분류됩니다. 그러나, 성별에 따라 약간의 차이가 있을 수 있습니다.
- 수컷의 경우, 성인견의 어깨 높이는 대략 25-30cm 정도이고, 몸무게는 대략 4-5kg 정도입니다.
- 암컷은 수컷보다 작을 수 있으며, 암컷의 경우, 성인견의 어깨 높이는 25-28cm 정도이고, 몸무게는 대략 3-5kg 정도입니다.

성격:

- 활기차고 경계심이 강한 성격을 가지고 있습니다.
- 용감하고 호기심이 많습니다.
- 주인에 대한 충성심이 높으며, 가족 구성원을 보호하기 위해 노력합니다.
- 활발하고 에너지 넘치며, 놀이와 운동을 좋아합니다.
- 집에서는 소리 지르는 경향이 있을 수 있으므로 훈련이 필요합니다.
- 사회화 훈련을 통해 다른 강아지와 친숙해지도록 도와주는 것이 중요합니다.

주요 특성:

- 단단하고 매끄러운 단모 코트를 가지고 있으며, 주로 검정, 레드, 차콜, 혹은 블루색과 탄색의 조합으로 나타납니다.
- 귀가 크고 서린 모양을 하고, 꼬리는 보통 꼬리가 꼬여 있습니다.
- 작은 핀셔라는 이름처럼 성격이나 놀이 스타일에서는 핀셔와 많이 닮아 있습니다.

키울 때 주의점:

- 활동적이므로 충분한 운동과 놀이를 제공해야 합니다. 일상적인 산책과 놀이 시간을 확보해야 합니다.
- 사회화 훈련은 미니어처 핀셔를 다른 강아지와 사람들과 잘 어울릴 수 있게 해 줍니다.
- 훈련과 규칙을 제공하여 고집을 이기고 원하는 행동을 가르쳐야 합

니다.

- 추운 날씨에는 추가로 따뜻하게 옷을 입히는 것이 좋습니다.

제24항. 보더 콜리(Border Collie)

체격 크기:

- 중형견으로 분류되고 있습니다. 그러나, 성별에 따라 약간의 차이가 있을 수 있습니다.
- 수컷의 경우, 성인견의 어깨 높이는 대략 48-56㎝ 정도이고, 몸무게는 대략 14-20㎏ 정도입니다.
- 암컷은 수컷보다 작을 수 있으며, 암컷의 경우, 성인견의 어깨 높이는 46-53㎝ 정도이고, 몸무게는 대략 12-19㎏ 정도입니다.

성격:

- 지능적이고 민첩한 품종으로, 주로 양 떼를 관리하는 데 역할을 맡았습니다.
- 매우 활발하고 에너지 넘치는 성격을 가지고 있으며, 높은 지능적 자극과 활동량을 필요로 합니다.
- 주인과의 깊은 유대감을 형성하며, 충실하고 애정적입니다.
- 주의력이 뛰어나기 때문에 훈련에 높은 성과를 거두며, 다양한 종목에서 뛰어난 성과를 보이는 스포츠 견으로도 유명합니다.

주요 특성:

- 아름다운 외모를 가지고 있으며, 극도로 민첩하고 우아한 움직임을 보입니다.
- 털은 중간 길이의 이중 층으로, 무게감 있고 부드러운 털이 있습니다. 겨울에는 두껍게 자라고 여름에는 얇아질 수 있습니다.
- 다양한 색상과 패턴을 가질 수 있으며, 주로 검은색과 화이트 컬러의 삼색 혹은 이중 색 패턴이 일반적입니다.

키울 때 주의점:

- 높은 활동량을 필요로 하므로 일상적이고 꾸준한 운동이 필수입니다. 매일 산책, 놀이, 정신적 자극을 주는 활동이 필요합니다.
- 지능적 자극이 필요하기 때문에 훈련과 두뇌 게임을 통해 지능적인 부분도 만족시켜 주어야 합니다.
- 사회화 훈련도 중요하며, 어린 시절부터 다양한 사람과 동물과의 만남을 통해 사회성을 발전시켜야 합니다.
- 건강 관리에 주의를 기울여야 하며, 특히 눈과 관절 건강에 주의해야 합니다.

제25항. 불가리안 쉐퍼드(Bulgarian Shepherd)

체격 크기:

- 대형견으로 분류되고 있습니다. 그러나, 성별에 따라 약간의 차이가 있을 수 있습니다.

- 수컷의 경우, 성인견의 어깨 높이는 대략 65-75㎝ 정도이고, 몸무게는 대략 40-55kg 정도입니다.
- 암컷은 수컷보다 작을 수 있으며, 암컷의 경우, 성인견의 어깨 높이는 60-69㎝ 정도이고, 몸무게는 대략 30-45kg 정도입니다.

성격:

- 지능적이고 충실한 성격을 가진 품종으로 알려져 있습니다.
- 지능적이고 학습 능력이 뛰어나며, 주인의 명령을 잘 따릅니다.
- 충실하고 가족과 높은 유대감을 형성합니다.
- 주인을 보호하는 본능이 있어 가족과 주변 환경을 보호합니다.
- 활동적이며, 충분한 운동과 활동이 필요합니다.
- 사회화 훈련을 통해 다른 동물과 사람들과 잘 어울릴 수 있도록 키워야 합니다.

주요 특성:

- 짧고 밀짚색에서 갈색까지 다양한 색상의 단모 털을 가지고 있습니다.
- 보통 짧고 세로로 서 있는 귀를 가지고 있으며, 경계적인 센스를 유지하기 위해 귀를 활용합니다.
- 높게 붙어 있고, 길이는 중간 정도입니다.
- 눈은 대부분 어두운 색상을 가지며, 귀가 작고 선명한 얼굴 특징을 가지고 있습니다.

키울 때 주의점:

- 활발하고 에너지 넘치는 품종으로, 충분한 운동과 활동을 제공해야 합니다. 긴 산책, 놀이, 훈련 등을 통해 정기적으로 활동을 시켜야 합니다.
- 어린 시기부터 다른 동물과 사람들과의 사회화 훈련을 진행해야 합니다. 이를 통해 사회적으로 안정된 성격을 유지할 수 있습니다.
- 똑똑하고 학습 능력이 뛰어나므로 긍정적인 훈련 방법을 사용하여 꾸준한 훈련을 제공해야 합니다.
- 보호 본능이 강하기 때문에 가족과 주변 환경을 보호하는 것이 중요하며, 친밀한 사람들과의 교감을 잘 유지하도록 해야 합니다.

제26항. 불마스티프(Bullmastiff)

체격 크기:

- 대형견으로 분류되고 있습니다. 그러나, 성별에 따라 약간의 차이가 있을 수 있습니다.
- 수컷의 경우, 성인견의 어깨 높이는 대략 64-68㎝ 정도이고, 몸무게는 대략 50-59㎏ 정도입니다.
- 암컷은 수컷보다 작을 수 있으며, 암컷의 경우, 성인견의 어깨 높이는 61-66㎝ 정도이고, 몸무게는 대략 45-54㎏ 정도입니다.

성격:

- 용감하고 강한 의지를 가진 품종으로 알려져 있습니다.

- 그러나 동시에 매우 충성스럽고 온순한 성격을 가지고 있어 가족에게는 친절하게 대해 줍니다.
- 주인을 위해 무엇이든 할 것이며, 가족의 안전을 지키기 위해 용감하게 행동할 수 있습니다.

주요 특성:

- 주인과 그 가족을 보호하기 위해 강한 자질을 가지고 있으며, 잠재적인 위협에 대해 용감하게 대응합니다.
- 주인과 가족을 매우 애정적으로 대하며, 주인의 요구에 충실하게 따릅니다.
- 자신감이 넘치며, 자신을 확실하게 알고 있습니다.
- 일반적으로 낯선 사람들에게 대단히 친절하게 대합니다.

키울 때 주의점:

- 활발하고 강한 품종이므로 충분한 운동과 활동이 필요합니다. 매일 일상적인 산책과 놀이 시간을 제공해 주는 것이 중요합니다.
- 어린 시절부터 적절한 훈련과 사회화를 시키는 것이 중요합니다. 이를 통해 잘 키워진 불마스티프는 예의 바르고 잘 행동하는 반려견이 될 가능성이 높습니다.
- 대형견이므로 건강 관리에 특히 주의해야 합니다. 정기적인 건강 검진, 적절한 식사, 청결한 환경을 유지해야 합니다.
- 보호 본능이 강하므로 다른 동물과 교감 시 조심해야 합니다. 특히 다른 야생 동물과의 접촉을 피해야 합니다.

제27항. 보르조이(Borzoi)

체격 크기:

- 큰 체격의 대형견으로 분류됩니다. 그러나, 성별에 따라 약간의 차이가 있을 수 있습니다.
- 수컷의 경우, 성인견의 어깨 높이는 대략 71-84㎝ 정도이고, 몸무게는 대략 34-48㎏ 정도입니다.
- 암컷은 수컷보다 작을 수 있으며, 암컷의 경우, 성인견의 어깨 높이는 64-74㎝ 정도이고, 몸무게는 대략 27-47㎏ 정도입니다.

성격:

- 우아하고 고귀한 성격을 가진 품종으로 알려져 있습니다.
- 조용하고 차분한 편이며, 주인에 대한 충성심이 깊습니다.
- 경계심이 강하고 예민할 수 있으므로, 잘 훈련된 사회화가 중요합니다.
- 사회화를 제대로 시키지 않으면, 낯선 사람이나 다른 동물에 대해 예민할 수 있습니다.

주요 특성:

- 근육질이며 민첩한 품종으로, 그들은 원래 사냥견으로 개발되었습니다.
- 뛰기와 추격 능력이 뛰어나며, 특히 더 큰 더미나 열린 공간에서 활약합니다.
- 매우 빠르고 우아한 움직임을 보이며, 긴 머리와 아름다운 외모를 가지고 있습니다.

키울 때 주의점:

- 활동량이 높은 품종으로, 일정한 운동과 활동을 필요로 합니다. 긴 산책, 달리기, 혹은 마당에서의 자유로운 뛰어놀기 등이 필요합니다.
- 사회화 교육을 받고 낯선 사람과 다른 강아지와의 상호 작용에 익숙해져야 합니다. 이를 통해 예민한 성격을 완화시킬 수 있습니다.
- 긴 털을 가지고 있으므로 주기적인 미용과 머리카락 묶음이 필요합니다.
- 건강한 식사를 위해 고품질의 강아지 사료를 제공하고, 과다한 체중 증가를 피하도록 주의해야 합니다.
- 일부 유전적인 건강 문제를 가질 수 있으므로 정기적인 건강 검진이 필요합니다.

제28항. 비글(Beagle)

체격 크기:

- 중형견으로 분류됩니다.
- 일반적으로 성인견의 어깨 높이는 33-41㎝ 정도이며, 몸무게는 약 10-16kg 정도로 다양할 수 있습니다.

성격:

- 활발하고 사교적인 성격으로 유명합니다. 친근하고 사람을 좋아하며, 어린이와도 잘 어울립니다.
- 장난기가 많고 호기심이 강하며, 활동적인 생활을 즐깁니다.

- 똑똑하고 학습 능력이 뛰어나지만, 때로는 고집스럽기도 하며, 일반적으로 훈련하기는 쉽지만 일관된 교육과 경험이 필요합니다.
- 냄새 감각이 뛰어나 사냥 지능이 있어서 향수를 쫓아갈 때가 있을 수 있습니다.

주요 특성:

- 소수견으로 놀 수 있지만, 주로 무리를 이루어 다니는 습성을 가지고 있습니다. 그래서 다른 강아지와 사회화가 잘 됩니다.
- 식욕이 강하기 때문에, 과식에 주의해야 합니다. 비글은 비만에 쉽게 빠질 수 있습니다.
- 털은 짧고 매끄러우며, 주로 삼색(흰색, 검은색, 갈색) 패턴을 가집니다. 털이 빠지지 않지만 정기적인 미용과 빗질이 필요합니다.

키울 때 주의점:

- 충분한 운동이 필요하며, 매일 꾸준한 산책과 놀이 시간을 제공해야 합니다.
- 교육과 훈련은 일찍부터 시작해야 하며, 긍정적인 강화법과 일관된 교육 방법을 사용하면 좋습니다.
- 식사 관리가 중요하며, 과식을 피하고 비글의 체중을 유지하기 위해 적절한 양의 먹이를 제공해야 합니다.
- 귀는 크고 길기 때문에 귀 청소에 주의를 기울여야 합니다.
- 건강 관리를 위해 정기적인 예방 접종과 건강 검진을 받아야 합니다. 또한, 무리한 운동이나 온도 변화에 주의해야 합니다.

제29항. 사모예드(Samoyed)

체격 크기:

- 중형견으로 분류되고 있습니다. 그러나, 성별에 따라 약간의 차이가 있을 수 있습니다.
- 수컷의 경우, 성인견의 어깨 높이는 대략 53-60㎝ 정도이고, 몸무게는 대략 20-30kg 정도입니다.
- 암컷은 수컷보다 작을 수 있으며, 암컷의 경우, 성인견의 어깨 높이는 48-53㎝ 정도이고, 몸무게는 대략 16-20kg 정도입니다.

성격:

- 매우 사교적이고 친절한 성격을 가진 품종으로 알려져 있습니다.
- 다른 강아지와 사람들과 잘 어울리며, 특히 가족 구성원과 어린이와의 상호 작용을 즐깁니다.
- 흥분을 잘하며, 활발하고 재미있는 성격을 가지고 있어 가정 내에서 활동적으로 놀아 주는 것을 즐깁니다.

주요 특성:

- 아름다운 외모와 특유의 흰색 두터운 겨울 모피로 유명합니다.
- 추위에 강한 모습을 보이며, 깨끗하고 촉촉한 눈과 부드러운 털로 덮여 있습니다.
- 눈 주위의 검은 눈썹 형태로 눈을 보호하고 더욱 매력적으로 만듭니다.

키울 때 주의점:

- 활발하고 에너지 넘치는 품종이므로 충분한 운동과 놀이 시간을 제공해야 합니다. 매일 꾸준한 산책과 뛰어놀기를 통해 체력을 소모시켜야 합니다.
- 사회화 훈련을 받아야 하며, 이를 통해 사모예드가 사람과 다른 동물과 잘 어울리고 문제를 일으키지 않도록 도울 수 있습니다.
- 겨울 모피는 자주 손질이 필요합니다. 특히 탈락기에는 더욱 주의가 필요하며, 먼지와 더러움을 피해야 합니다.
- 지루함을 피하기 위해 지능적인 게임이나 퍼즐 장난감을 활용하여 머리를 자극해야 합니다.
- 주기적인 건강 검진과 예방 접종은 사모예드의 건강을 유지하는 데 중요합니다. 특히, 특정 유전적 건강 문제에 대한 주의가 필요할 수 있습니다.

제30항. 스피츠(Japanese Spitz)

체격 크기:

- 스피츠 종류는 다양한 크기와 색상을 가질 수 있지만, 일반적으로 중형견으로 분류되고 있습니다.
- 일반적으로 성인견의 어깨 높이는 약 20-38cm 정도이고, 몸무게는 약 5-10kg 정도입니다.

성격:

- 영리하고 활발한 성격을 가지고 있으며, 주인에 대한 충성심이 깊습니다.
- 사교적이며, 사람들과 어울리는 것을 즐깁니다. 그러나 때로는 조용하고 독립적일 수 있으며, 경계심이 강한 편입니다.
- 예민한 성향을 가질 때도 있으므로, 안정된 환경과 긍정적인 훈련이 필요합니다.

주요 특성:

- 두꺼운 겨울 모피와 귀여운 삼각형 모양의 귀, 뾰족한 입 끝, 그리고 고요한 눈동자로 특징 지어집니다.
- 꼬리는 뒷다리 위로 곡선 모양으로 올라가는 매력적인 모양을 가지고 있습니다.
- 많이 움직이며, 기민하고 민첩합니다.

키울 때 주의점:

- 두꺼운 모피는 주의 깊은 관리를 요구합니다. 주기적인 빗질과 목욕이 필요하며, 모피의 교묘한 갈빛을 유지하기 위해 정기적인 미용사 방문도 고려해야 합니다.
- 사교적인 성격을 가지고 있기 때문에 적절한 사회화와 기본 훈련이 중요합니다. 사람들과 다른 동물들과의 만남을 장려하고, 기본적인 명령을 익히도록 훈련해야 합니다.
- 활발하고 에너지 넘치는 품종으로, 일정한 운동이 필요합니다. 산책,

놀이, 그리고 뛰어놀 수 있는 공간을 제공해 주는 것이 중요합니다.

- 건강한 식사와 정기적인 건강 검진은 스피츠의 건강을 유지하는 데 중요합니다. 특히, 스피츠는 구강 위생에 주의를 기울여야 합니다.

제31항. 샤페이(Shar Pei)

체격 크기:

- 중형견으로 분류되고 있습니다. 그러나, 성별에 따라 약간의 차이가 있을 수 있습니다.
- 수컷의 경우, 성인견의 어깨 높이는 대략 46-51㎝ 정도이고, 몸무게는 대략 25-30㎏ 정도입니다.
- 암컷은 수컷보다 작을 수 있으며, 암컷의 경우, 성인견의 어깨 높이는 45-50㎝ 정도이고, 몸무게는 대략 18-25㎏ 정도입니다.

성격:

- 충성스럽고 가족 중심적인 성격을 가지고 있습니다.
- 고집이 세고 독립적인 경향이 있을 수 있으며, 사회화와 훈련이 중요합니다. 이것이 중요한 이유는 샤페이가 적절한 사회화와 훈련을 받지 않으면 공격적이거나 경계심이 많은 행동을 보일 수 있기 때문입니다.
- 그렇지만 적절한 교육과 사회화를 거치면 매우 사랑스러운 동반자가 될 수 있습니다.

주요 특성:

- 주요 특징 중 하나는 주름진 피부입니다. 이 피부는 주로 목, 어깨, 얼굴에 집중되며 주름 사이에는 근육이 붙어 있습니다.
- 피부는 다른 견종에 비해 두꺼운 편이며, 이는 이들을 추운 기후에서 더 따뜻하게 유지하는 데 도움을 줍니다.
- 짧은 모피를 가지고 있으며, 이로 인해 모피 관리가 비교적 쉽습니다.

키울 때 주의점:

- 교육과 사회화가 중요합니다. 이들은 어린 시절부터 시작되어야 하며, 다양한 사람과 다른 동물들과의 만남을 통해 사회적인 기술을 배울 수 있도록 해야 합니다.
- 주름진 피부는 각 주기로 청소 및 관리해야 합니다. 피부 주름 사이에 음식 조각이나 분진 등이 쌓이면 피부 문제가 발생할 수 있습니다.
- 활발한 견종이므로 매일 충분한 운동이 필요합니다. 산책과 놀이 시간을 통해 활동량을 충족시켜 주어야 합니다.

제32항. 시바 이누(Shiba Inu)

체격 크기:

- 중형견으로 분류됩니다.
- 일반적으로 성인견의 어깨 높이는 33-43㎝ 정도이며, 몸무게는 9-14 kg 정도입니다.

성격:

- 똑똑하고 활발한 성격으로 잘 알려져 있습니다. 그들은 자주 주인과 놀기를 좋아하며 호기심이 많아 새로운 환경과 경험을 즐깁니다.
- 독립적인 성향을 가지고 있어, 어떤 경우에는 고집스러울 수 있습니다. 그렇기 때문에 적절한 교육과 사회화가 필요합니다.
- 미국에서는 고양이 같은 특성을 가진 강아지라고도 불립니다. 이것은 그들의 청결한 성향과 자체 청소 습관 등을 의미합니다.

주요 특성:

- 아름다운 외모를 가지고 있으며, 살쾡이와 같은 특징적인 얼굴 모양과 아치형 꼬리가 특징입니다.
- 무릎 부분에는 백색 마킹이 나타나는 경우가 많으며, 품종 표준에 따라 붉은색, 회색, 검은색, 크림색 등 다양한 색상의 모피를 가질 수 있습니다.

키울 때 주의점:

- 활동적인 강아지이므로 일상적인 운동과 활동이 필요합니다. 산책, 뛰어놀기, 지적 자극 등을 제공해야 합니다.
- 사회화는 중요하며, 어린 시바 이누를 다른 강아지와 사람들과 소통시키는 것이 중요합니다. 이렇게 하면 강아지의 고집스러운 성격을 완화시킬 수 있습니다.
- 체면을 지키고 주인에 대한 충성심이 강한 편이지만, 엄격한 훈련 방법은 효과적이지 않을 수 있으므로 긍정적인 강화법과 인내심을 가

지고 훈련해야 합니다.

제33항. 아프간 하운드(Afghan Hound)

체격 크기:

- 대형견으로 분류되고 있습니다. 그러나, 성별에 따라 약간의 차이가 있을 수 있습니다.
- 수컷의 경우, 성인견의 어깨 높이는 대략 68-74㎝ 정도이고, 몸무게는 대략 26-34㎏ 정도입니다.
- 암컷은 수컷보다 작을 수 있으며, 암컷의 경우, 성인견의 어깨 높이는 60-69㎝ 정도이고, 몸무게는 대략 20-27㎏ 정도입니다.

성격:

- 고귀하고 독립적인 성격을 가지고 있습니다.
- 침착하고 차분하며 자신감이 있습니다.
- 주인에 대한 애정을 표현하며 가족과 함께 시간을 보내는 것을 즐깁니다.
- 독립심이 강하므로 조기 사회화 및 훈련이 중요합니다.

주요 특성:

- 아름다운 외모와 미래지향적인 모습을 자랑합니다. 그들은 긴 털을 가졌으며, 모양이 아름답고 우아합니다.
- 높은 스피드와 탁월한 민첩성을 가진 사냥견으로 개발되었습니다.

그 결과, 그들은 빠른 속도로 뛰는 데 능합니다.

키울 때 주의점:

- 꾸준한 사회화와 훈련이 필요합니다. 이들은 독립적인 성향을 가지고 있으므로, 어린 시절부터 다양한 사람과 강아지, 환경과의 접촉을 통해 사회성을 갖추게 해야 합니다.
- 털 관리가 필요합니다. 그들의 긴 털을 주기적으로 빗어 주고 깨끗하게 유지해야 합니다.
- 충분한 운동과 활동이 필요합니다. 아프간 하운드는 단번에 뛰어오르는 스피드와 민첩성을 펼칠 수 있는 기회를 제공해야 합니다.

제34항. 아메리칸 에스키모 독(American Eskimo Dog)

체격 크기:

- 중형견으로 분류되고 있습니다. 크기에 따라 토이, 미니어처, 스탠다드 등 세 가지로 나뉩니다. 그러나, 성별에 따라 약간의 차이가 있을 수 있습니다.
- 스탠다드 수컷의 경우, 성인견의 어깨 높이는 대략 38-48㎝ 정도이고, 몸무게는 대략 10-18㎏ 정도입니다.
- 암컷은 수컷보다 작을 수 있으며, 암컷의 경우, 성인견의 어깨 높이는 35-45㎝ 정도이고, 몸무게는 대략 9-16㎏ 정도입니다.

성격:

- 강한 개성을 가진 활발하고 애정 어린 견종으로 알려져 있습니다.
- 친근하며 사교적이며, 가족과 친구들에 대한 애정이 풍부합니다.
- 지능적이고 학습하기 쉽기 때문에 훈련에 좋은 품종 중 하나입니다.
- 활동량이 높아 미용과 놀이 시간을 필요로 합니다.

주요 특성:

- 두껍고 촘촘한 겨울 모피와 아름다운 플러피 테일을 가지고 있습니다.
- 밝고 경계심이 있는 눈과 삼각형 모양의 귀가 특징입니다.
- 독특한 아름다움과 스마트한 성격으로 인해 많은 사랑을 받고 있습니다.

키울 때 주의점:

- 활동량이 높기 때문에 충분한 운동과 활동을 제공해야 합니다. 일상적인 산책과 놀이 시간을 확보해 주어야 합니다.
- 훈련과 사회화 교육을 시간을 들여 진행해야 합니다. 사회화는 어린 시절부터 시작하는 것이 중요합니다.
- 두꺼운 털 때문에 정기적인 그루밍이 필요합니다. 특히 머리와 귀 주변에 먼지와 흡수된 이물질을 제거해 주는 것이 중요합니다.

제35항. 아키타(Akita)

체격 크기:

- 대형견으로 분류되고 있습니다. 그러나, 성별에 따라 약간의 차이가 있을 수 있습니다.
- 수컷의 경우, 성인견의 어깨 높이는 대략 64-70㎝ 정도이고, 몸무게는 대략 32-39㎏ 정도입니다.
- 암컷은 수컷보다 작을 수 있으며, 암컷의 경우, 성인견의 어깨 높이는 58-64㎝ 정도이고, 몸무게는 대략 23-29㎏ 정도입니다.

성격:

- 영리하고 충성심이 강한 견종으로 알려져 있습니다. 그들은 주인에게 충실하고, 가족을 위해 헌신적으로 노력합니다.
- 용감하고 자신감 있으며, 보호 본능이 강합니다. 이것은 가족을 지키기 위해 필요한 성향이지만, 종종 다른 강아지와 충돌할 수도 있으므로 조기 사회화 및 훈련이 중요합니다.

주요 특성:

- 강하고 건장한 체격을 가지고 있으며, 근육질로 보입니다.
- 주인과 가족을 지키려는 용기와 충성심이 두드러집니다.
- 자신감이 있습니다.
- 때로 냉철하고 독립적인 면모를 보일 수 있습니다.

키울 때 주의점:

- 다른 강아지와의 사회화를 잘 해야 합니다. 어린 시기부터 다른 강아지와 만남을 주고받는 것이 중요합니다.
- 똑똑하고 독립적인 성격을 가지고 있어 일찍부터 꾸준한 훈련과 정돈이 필요합니다.
- 크고 활동적인 견종이기 때문에 충분한 운동을 제공해야 합니다. 산책, 뛰어놀기, 게임 등이 도움이 됩니다.
- 주인과 가족을 위해 충실하고 보호 본능이 강하지만, 타인에 대한 공격성이나 격렬한 방어 본능을 보일 수도 있으므로 주의가 필요합니다.

제36항. 아키타 이누(Akita Inu)

체격 크기:

- 대형견으로 분류되고 있습니다. 그러나, 성별에 따라 크기 차이가 있을 수 있습니다.
- 수컷의 경우, 성인견의 어깨 높이는 대략 66-71㎝ 정도이고, 몸무게는 대략 45-59㎏ 정도입니다.
- 암컷은 수컷보다 작을 수 있으며, 암컷의 경우, 성인견의 어깨 높이는 61-66㎝ 정도이고, 몸무게는 대략 32-45㎏ 정도입니다.

성격:

- 용감하고 충성스러운 성격을 가지고 있습니다.
- 주인과의 믿음직한 관계를 형성하며 가족을 보호하는 데 충실합니다.

- 낯선 사람에 대해서는 조심스럽게 접근하며 경계심이 강할 수 있습니다.
- 사회화를 잘 시키지 않으면 공격적인 경향이 있을 수 있으므로 어린 시절부터 다른 강아지와의 만남과 사람들과의 사회화 훈련이 중요합니다.

주요 특성:

- 두꺼운 겉 모피와 삼각형 모양의 귀, 두툼한 꼬리를 가지고 있습니다.
- 신체적으로 강하고, 힘이 세며 운동 능력이 뛰어납니다.
- 추운 기후에 잘 적응하며 두툼한 모피로 겨울에 따뜻하게 지낼 수 있습니다.
- 조용하고 침착한 성격을 가지며, 주인에 대한 충성심이 깊습니다.

키울 때 주의점:

- 훈련과 사회화가 중요합니다. 이들은 강한 리더십과 일관된 교육을 필요로 하며, 초보 주인에게는 어려울 수 있습니다.
- 충분한 운동과 활동을 제공해야 합니다. 일주일에 최소한 두 번 이상의 산책과 활발한 놀이 시간이 필요합니다.
- 모피 관리가 중요합니다. 주기적인 브러싱으로 떨어지는 모피를 관리하고 깨끗하게 유지해야 합니다.
- 건강 검진을 꾸준히 받도록 하고, 유전적인 질환에 대한 인식도 중요합니다. 아키타 이누는 관절 문제와 눈병 문제에 취약할 수 있습니다.

제37항. 오스트레일리안 캐틀 독(Australian Cattle Dog)

체격 크기:

- 중형견으로 분류되고 있습니다. 그러나, 성별에 따라 약간의 크기 차이가 있을 수 있습니다.
- 수컷의 경우, 성인견의 어깨 높이는 대략 46-51㎝ 정도이고, 몸무게는 대략 15-23㎏ 정도입니다.
- 암컷은 수컷보다 작을 수 있으며, 암컷의 경우, 성인견의 어깨 높이는 43-48㎝ 정도이고, 몸무게는 대략 14-18㎏ 정도입니다.

성격:

- 지능적이고 민첩한 성격을 가지고 있습니다. 학습 능력이 뛰어나며, 주인의 지시에 민감하게 반응합니다.
- 활동적이며 에너지가 넘치는 견종이므로 적절한 신체 활동과 정신적 자극이 필요합니다.
- 주인과의 깊은 유대감을 형성하며, 가족과 함께 시간을 보내는 것을 즐깁니다.
- 낯선 사람에 대한 경계심이 강할 수 있으므로 조기 사회화가 필요합니다.

주요 특성:

- 짧고 굳은 견종으로 털 손질이 간편합니다. 겨울에는 따뜻한 옷을 입히는 것이 좋습니다.

- 가축 관리용으로 개발되어 무리를 다루는 데 능숙합니다. 무리를 관리하려는 본능을 가지고 있습니다.
- 낯선 사람이나 동물에 대한 경계심이 강할 수 있으므로 조기 사회화가 중요하며, 주인의 지시로 행동하는 것을 강조해야 합니다.

키울 때 주의점:

- 충분한 운동과 정신적 자극을 제공해야 합니다. 산책, 뛰어놀기, 지능 훈련 등이 필요합니다.
- 사회화 훈련은 무척 중요하며, 다양한 환경과 사람들과의 만남을 촉진해야 합니다.
- 음식 관리에 신경을 써야 하며, 비만을 피하기 위해 적정한 식사량과 훈련을 유지해야 합니다.
- 주인의 권위를 인정하고 리더십을 표현할 수 있도록 훈련되어야 합니다.

제38항. 아이리쉬 세터(Irish Setter)

체격 크기:

- 중대형견으로 분류되고 있습니다. 그러나, 성별에 따라 약간의 크기 차이가 있을 수 있습니다.
- 수컷의 경우, 성인견의 어깨 높이는 대략 58-67㎝ 정도이고, 몸무게는 대략 27-32㎏ 정도입니다.
- 암컷은 수컷보다 작을 수 있으며, 암컷의 경우, 성인견의 어깨 높이

는 55-62㎝ 정도이고, 몸무게는 대략 25-30㎏ 정도입니다.

성격:

- 활발하고 친근한 성격을 가지고 있습니다.
- 사람을 좋아하며 사회성이 뛰어나기 때문에 가족과 함께 시간을 보내는 것을 즐깁니다.
- 활동적이며 에너지 넘치는 품종으로, 적절한 운동과 활동이 필요합니다.
- 지능적이며 학습 능력이 뛰어나기 때문에 훈련에 대한 열정을 가지고 있습니다.

주요 특성:

- 아름답고 화려한 붉은색 털과 붉은색의 흔적이 없는 점으로 된 털이 특징입니다.
- 귀여운 외모와 상큼한 미소가 이들의 매력을 더해 줍니다.
- 진행성 심장병에 취약한 경향이 있으므로 건강을 지속적으로 관리해야 합니다.
- 활동량이 많기 때문에 일상적으로 함께 놀아 주는 것이 중요합니다.

키울 때 주의점:

- 충분한 운동과 활동 공간을 제공해야 합니다. 긴 산책, 뛰어다니기, 경쟁적인 스포츠와 같은 활동이 필요합니다.
- 사회화 훈련과 초기 훈련이 중요합니다. 이것은 사회적인 행동 및 훈련에 도움이 됩니다.

• 긴 귀를 가지고 있으므로 귀를 깨끗하게 유지하고 감염을 방지해야 합니다.

제39항. 이탈리안 그레이하운드(Italian Greyhound)

체격 크기:

• 소형견으로 분류됩니다.
• 일반적으로 성인견의 어깨 높이가 32-38㎝ 사이에 있으며, 몸무게는 3-6㎏ 정도입니다.

성격:

• 상당히 친절하고 애정 어린 성격을 가지고 있습니다.
• 온순하고 매우 사교적인 품종으로, 주인과 가족 구성원들에게 충실하게 애정을 표현합니다.
• 예민하고 민감한 성격을 가지고 있어, 길게 경계하지 않아도 됩니다.

주요 특성:

• 슬림하고 우아한 외모를 가지고 있으며, 스타일리시하고 아름다운 견종으로 인정받고 있습니다.
• 짧은 모직 털과 얇은 피부로 인해 추운 날씨에 대한 저항력이 낮으므로 겨울에는 따뜻하게 보호해 주어야 합니다.
• 활발한 운동량을 요구하지만, 집 안에서도 활기찬 놀이로 충분히 만족시킬 수 있습니다.

- 다른 강아지와의 사회화 훈련이 필요하며, 이는 공격적인 성향을 방지하고 친숙한 환경에서의 교류를 원활하게 만듭니다.

키울 때 주의점:

- 추위에 민감하므로, 추운 날씨에는 따뜻한 옷을 입히거나 실내에 두어야 합니다.
- 활동량을 충족시키기 위해 정기적인 산책과 놀이 시간을 제공해야 합니다.
- 사회화 훈련은 초기부터 시작되어야 하며, 다른 강아지와 친구가 될 기회를 제공해야 합니다.
- 영양 균형 잡힌 식사를 제공하고, 이탈리안 그레이하운드의 소화계 건강을 유지하기 위해 건강한 식사 습관을 길러야 합니다.

제40항. 잭 러셀 테리어(Jack Russell Terrier)

체격 크기:

- 소형견으로 분류됩니다.
- 일반적으로 성인견의 어깨 높이가 25-30㎝ 사이에 있으며, 몸무게는 5-9kg 정도입니다.

성격:

- 활발하고 민첩하며 놀기 좋아합니다. 운동량이 많이 필요하며 산책과 놀이를 즐깁니다.

반려동물에게 모두 해를 끼칩니다. 법률과 규제를 강화하여 무책임한 번식을 방지해야 합니다.

넷째, 불법 거래 대상으로의 인식입니다. 반려동물 불법 거래는 종종 동물 학대와 관련되며, 불법 거래 시장을 근절하기 위해서는 법 집행 기관과 협력해야 합니다.

제2항. 반려동물의 부당한 대우

첫째, 유기와 방치 문제입니다. 반려동물을 무책임하게 유기하거나 방치하는 행동은 동물의 생명과 건강을 위협합니다. 또한, 적절한 관리를 받지 못하는 동물은 사회적으로 문제를 일으키기도 합니다.

둘째, 폭력과 학대입니다. 일부 사람들은 반려동물을 고의적으로 학대하거나 폭력을 행사하는 경우가 있습니다. 이는 동물의 신체적, 정서적 고통을 초래하며 사회적 동물 복지 문제로 이어질 수 있습니다.

셋째, 불안정한 환경 제공입니다. 반려동물은 안전하고 쾌적한 환경을 필요로 합니다. 부당한 대우를 받는 동물들을 보호하기 위해 동물 보호 단체와 협력하고 보호 시설을 개선해야 합니다.

넷째, 건강 관리 소홀입니다. 반려동물의 건강은 주인의 책임입니다. 예방 접종과 정기적인 건강 검진을 통해 반려동물의 건강을 유지해야 합니다.

다섯째, 반려동물 투기 및 버림입니다. 반려동물을 투기하거나 버리는 행위는 반려동물에게 정서적 스트레스를 주며 사회적 문제로 이어집니다.

제3항. 잘못된 인식과 부당한 대우에 대한 해결책

첫째, 교육과 인식 제고입니다. 반려동물을 가족 구성원으로 받아들이는 문화를 확립하기 위해 교육과 인식 제고 활동이 중요합니다. 유기 동물 문제, 책임 있는 입양, 동물의 감정과 필요를 이해하는 것이 필요합니다.

둘째, 법적 규제 강화입니다. 반려동물 학대와 방치는 범죄 행위로 간주되어야 합니다. 사회적 인식과 법률 시스템을 통해 학대 행위를 단호하게 처벌해야 합니다. 반려동물에 대한 학대와 방치에 대한 엄격한 법적 제재를 마련하여 범죄를 예방하고 처벌할 수 있는 체계를 구축해야 합니다.

셋째, 책임 있는 반려동물 관리입니다. 반려동물을 입양하거나 구입할 때 책임 있는 선택을 할 수 있도록 도와주는 지침과 교육 프로그램을 확대하고, 동물의 적절한 관리 방법을 제공해야 합니다.

반려동물에 대한 잘못된 인식과 부당한 대우는 우리 사회에 해를 끼치며 동물들에게 큰 고통을 줄 수 있습니다. 우리는 책임 있는 반려동물 관리와 동물 복지에 더욱 관심을 기울여야 하며, 교육과 법적 규제의 강화를 통해 이러한 문제를 해결해 나가야 합니다. 따라서 교육, 법률, 규제, 그리고 사회적인 인식을 향상시켜 반려동물의 생활을 더 나아지게 하는 데 우리 모두가 기여해야 합니다. 우리는 모두가 책임감을 가지고 반려동물을 존중하고 보호하는 사회를 만들어야 합니다.

제3절. 지속 가능한 반려동물 관리 방법

반려동물은 우리의 삶에 큰 기쁨과 만족을 줄 뿐만 아니라, 책임 있는 돌봄과 관리가 필요한 존재입니다. 이러한 반려동물의 관리 방식이 환경적, 사회적, 경제적 측면에서 영향을 미칠 수 있음을 인지하고 지속 가능한 관리 방법을 채택하는 것은 중요한 과제입니다. 이 절에서는 지속 가능한 반려동물 관리 방법에 대해 논의하고, 어떻게 우리가 반려동물을 키우는 동안 환경을 보호하고 사회적 책임을 다할 수 있는지에 대해 살펴보겠습니다.

제1항. 환경 측면에서의 지속 가능한 반려동물 관리

첫째, 적절한 반려동물 선택입니다. 지속 가능한 반려동물 관리의 첫 번째 단계는 적절한 동물을 선택하는 것입니다. 크기, 활동 수준, 먹이 요구 등을 고려하여 자신의 라이프스타일에 맞는 동물을 선택해야 합니다. 큰 반려동물은 더 많은 공간과 에너지를 필요로 합니다. 작은 집이나 아파트에서는 작은 크기의 반려동물을 선택함으로써 에너지 소비를 줄일 수 있습니다.

둘째, 선택적인 반려동물 입양입니다. 가장 기본적인 지속 가능한 관리 방법은 반려동물을 선택적으로 입양하는 것입니다. 보호소나 입양 센터에서 동물을 입양하면 유기 동물의 문제를 완화하고 동물 복지를 촉진할 수 있습니다. 또한, 유기 동물 입양은 동물의 수명을 연장시키는 동시에 새로운 가족을 찾는 기회를 제공합니다.

셋째, 지속 가능한 사료와 용품 선택입니다. 반려동물의 사료와 용품 선택에 있어서 환경 친화적인 제품을 선택하는 것이 중요합니다. 육식 동물의 경우 고기 소비의 환경적 영향을 고려하여 식물성 기반 사료로 전환하는 것을 고려할 수 있습니다. 또한, 지속 가능한 재료로 만들어진 용품을 선택하여 일회용품 사용을 줄이고 재활용을 촉진할 수 있습니다.

넷째, 스마트한 소비입니다. 반려동물 용품을 구매할 때 지속 가능한 옵션을 선택하는 것이 중요합니다. 재생 가능한 소재로 만들어진 제품을 선택하거나, 사용하지 않는 반려동물 용품을 기부하고 재활용하는 등의 노력을 통해 자원 소비를 줄일 수 있습니다.

제2항. 사회적 측면에서의 지속 가능한 반려동물 관리

첫째, 책임 있는 번식 관리입니다. 반려동물 번식 통제는 지속 가능성을 위한 중요한 고려 사항입니다. 번식 통제는 반려동물 관리에서 핵심적인 부분입니다. 무분별한 번식은 동물 보호 시설에 부담을 주며, 새로운 동물들을 위한 가정이 부족할 수 있습니다. 중성화 및 화환 수술을 고려하여 번식을 통제하는 것이 바람직합니다. 따라서, 반려동물의 번식은 전문가의 조언을 듣고 신중히 결정해야 합니다.

둘째, 올바른 사육 관리입니다. 반려동물을 사육하는 동안, 올바른 사육 관리가 필수적입니다. 이는 건강한 동물을 유지하고 의료 비용을 절약할 수 있는 방법입니다. 예방 접종, 건강 검진, 규칙적인 운동, 적절한 먹이 및 물 공급은 반려동물의 건강을 지키는 데 중요합니다.

셋째, 훈련과 사회화입니다. 반려동물을 잘 훈련시키고 사회화시키면, 공공장소에서의 문제 행동을 줄이고 안전한 환경을 유지할 수 있습니다.

넷째, 유기 동물 입양입니다. 유기 동물을 입양함으로써 보호소와 협력하여 동물을 구조하고 새로운 가족을 찾도록 돕습니다.

제3항. 윤리적 측면에서의 지속 가능한 반려동물 관리

첫째, 적절한 반려동물 관리입니다. 반려동물을 키우는 동안 적절한 동물 케어를 제공하는 것이 중요합니다. 올바른 사료와 식이 관리, 정기적인 건강 검진, 예방 접종 등을 통해 반려동물의 건강을 유지할 수 있습니다. 건강한 동물은 불필요한 의료 비용과 자원 낭비를 줄이는 방법이 됩니다.

둘째, 환경 친화적인 선택입니다. 반려동물의 식사 및 화장실 처리 방법은 환경에 미치는 영향을 고려해야 합니다. 친환경적인 반려동물 사료와 생물학적 처리가 가능한 배설물 수거 용기를 고려함으로써 환경 영향을 최소화할 수 있습니다.

셋째, 교육과 인식 제고입니다. 마지막으로, 지속 가능한 반려동물 관리에 대한 교육과 인식이 필요합니다. 주인들과 전문가들은 반려동물 관리의 중요성과 올바른 방법을 널리 알리는 역할을 해야 합니다.

지속 가능한 반려동물 관리는 환경, 사회, 경제적 측면에서 모두 중요한 이슈입니다. 따라서 반려동물을 관리하는 과정에서 환경 영향을 최소화하고 동물의 복지와 건강을 촉진하는 것이 필요합니다. 우리의 선택과 노력이 지구와 함께 순환 가능한 생태계를 구축하고 유지하는 데 큰 영향을 미칠 수 있음을 기억해야 합니다. 적절한 동물 선택, 올바른 사육 관리, 스마트한 소비, 책임 있는 번식 통제, 환경 친화적인 선택 및 교육과 인식은 모두 이 목표를 달성하기 위한 핵심 요소입니다. 환경에 대한 영향을 최소화하고, 사회적 책임을 다하며, 반려동물의 건강과 복지를 적절히 관리함으로써 우리는 더 나은 미래를 위한 토대를 마련할 수 있습니다. 이러한 실천이 반려동물뿐만 아니라 우리의 지구와 사회에도 긍정적인 영향을 미칠 것입니다.

제4절. 반려동물 복지와 동물 권리

반려동물 복지와 동물 권리는 현대 사회에서 중요한 주제 중 하나로 부상하고 있습니다. 이 절에서는 반려동물 복지와 동물 권리의 개념, 중요성, 그리고 이를 실현하기 위한 방안에 대해 논의하고자 합니다.

제1항. 반려동물 복지의 중요성

반려동물은 우리에게 정서적 지지와 위로를 제공하며, 우리의 심리적 안녕과 행복에 긍정적인 영향을 미칩니다. 그렇기 때문에 반려동물 복지는 우리 사회에서 중요한 역할을 합니다. 반려동물 복지는 우리 사회에서 동물들에게 제공되는 적절한 관리와 관심에 대한 개념입니다. 이는 반려동물들이 건강하고 행복하게 생활할 수 있도록 필요한 모든 것을 제공하는 것을 의미합니다. 반려동물 복지는 주로 다음과 같은 측면에서 중요성을 갖습니다.

첫째, 건강한 생활 환경 제공입니다. 적절한 주거 공간, 영양, 의료 관리는 반려동물의 건강을 유지하는 데 중요합니다.

둘째, 정서적 지원입니다. 동물들은 감정을 느끼고 스트레스를 경험할 수 있으므로, 정서적 관리와 적절한 사회적 상호 작용이 필요합니다.

셋째, 사회적 연결성 강화입니다. 반려동물은 이웃과의 상호 작용을 촉진하고 사회적인 연결을 형성하는 데 도움을 줍니다.

넷째, 운동 및 활동 증진입니다. 반려동물과의 산책이나 놀이는 우리의 신체적 건강을 지원하며, 활동적인 라이프스타일을 유지하는 데 도움이 됩니다.

다섯째, 교육과 훈련입니다. 적절한 훈련은 반려동물의 안전과 주변 사람들의 안전을 보장하는 데 중요합니다.

제2항. 동물 권리의 개념 및 중요성

첫째, 동물 권리의 개념입니다. 동물 권리란 동물들이 인간의 노예나 도구로 취급되지 않고, 독립적으로 자신의 이익과 안녕을 추구할 권리를 의미합니다. 동물 권리는 다음과 같은 기본 원칙을 포함합니다.

가. 삶의 자유와 안전입니다.
나. 고통 방지 및 고통의 예방입니다.
다. 기본적인 생존 권리입니다.
라. 본능적인 특성 존중입니다.

둘째, 동물 권리의 중요성입니다. 동물 권리는 동물들이 인간의 이익을 위해 학대나 고통을 겪지 않을 권리를 말합니다. 동물 권리의 중요성은 다음과 같습니다.

가. 학대 방지입니다. 동물 권리를 보호하면 동물 학대를 예방하고 사전에 대응할 수 있습니다.

나. 생명권입니다. 동물들은 생명을 살릴 권리를 가지며, 이는 무분별한 동물 학대나 살육을 금지하는 법률로 반영되어야 합니다.

다. 고통 방지입니다. 동물들은 불필요한 고통을 겪지 않는 권리를 가집니다. 실험동물의 적절한 취급과 동물의 복지는 이러한 권리를 보호하는 중요한 부분입니다.

셋째, 동물 권리에 대한 이해입니다.

가. 생명의 존엄성입니다. 모든 동물은 고통과 학대로부터 자유롭게 살 권리를 가지며, 인간의 욕구나 편익을 위해서 이용되어서는 안 됩니다.

나. 합리적 대우입니다. 동물들은 과학적인 연구, 기타 용도로서의 이용 등에서도 고통스럽지 않도록 적절한 대우를 받아야 합니다.

다. 자연환경 존중입니다. 동물들의 서식지와 자연환경을 존중하고 보호하는 것이 필요합니다.

제3항. 반려동물 복지와 동물 권리 향상을 위한 제안

첫째, 법과 규제 강화입니다. 동물 권리를 보호하기 위해 법률이 필요합니다. 많은 국가에서는 동물 복지와 동물 권리를 보호하는 법률을 제정하고 있습니다. 이러한 법률은 동물 학대를 처벌하고 동물들에게 필요한 보호를 제공합니다. 동물 학대에 대한 엄격한 법과 규제를 시행하여 적절한 처벌을 통해 동물 권리를 보호해야 합니다.

둘째, 교육과 인식 제고입니다. 동물의 복지와 권리에 대한 교육을 강화하고, 사람들의 인식을 높여야 합니다.

셋째, 윤리적인 반려동물 양육입니다. 동물을 입양 또는 구입할 때, 책임 있는 양육을 위해 충분한 고려와 준비가 필요합니다.

넷째, 동물보호 단체와 협력입니다. 정부와 비정부 단체 간의 협력을 강화하여 동물 보호 활동을 증진시켜야 합니다. 이를 통해 입양을 장려하고, 유기 동물 문제에 대한 대처를 강화할 수 있습니다.

다섯째, 자원 투입 및 공공 시설 개선입니다. 동물 복지와 권리를 위해 충분한 자원과 연구가 투입되어야 합니다. 또한, 동물들의 안전한 환경 제공을 위한 공공 시설과 동물 친화적 도시 조성 등을 고려해야 합니다.

반려동물 복지와 동물 권리는 우리 사회의 중요한 주제로, 이러한 개념을 실현하기 위한 노력이 필요합니다. 이를 위해서는 법과 규제, 교육, 윤리적인 양육, 보호 단체와의 협력 등 다양한 측면에서 노력이 필요합니다. 그리고 공공 시설 개선을 통해 우리는 동물들의 복지와 권리를 존중하며 미래 세대에 더 나은 환경을 제공할 수 있을 것입니다. 동물들은 우리와 공존하는 동료 생명체로서, 그들의 안녕과 행복을 보장하는 것은 우리의 윤리적 의무입니다. 우리는 동물들과 함께 조화롭게 공존하고, 그들의 권리를 존중하는 사회를 만들기 위해 노력해야 합니다.

제5절. 책임 있는 반려동물 오너십의 실천 방안

반려동물은 우리 생활에 큰 기쁨을 주고 위로를 줄 수 있는 소중한 동반자 중 하나입니다. 그러나 반려동물을 소유할 때에는 그들의 건강, 행복, 그리고 사회적 책임을 감당해야 함을 인지해야 합니다. 따라서 이들의 행복한 삶을 위해서는 책임 있는 오너십이 필수적입니다. 이 절에서는 책임 있는 반려동물 오너가 되기 위한 실천 방안에 대해 논의하고자 합니다. 책임 있는 반려동물 오너십은 동물의 복지와 안녕을 최우선으로 고려하는 것을 의미합니다.

제1항. 교육과 정보 확보 책임

책임 있는 반려동물 오너십의 핵심은 동물에 대한 이해와 지식입니다. 이러한 지식을 확보하기 위해 다음과 같은 단계를 고려할 수 있습니다.

첫째, 동물의 특성과 행동에 대한 연구입니다. 자주 키우는 동물의 특성과 행동을 학습하고, 그들의 필요와 요구를 이해합니다.

둘째, 교육과 정보 제공입니다. 반려동물을 입양하거나 구입하기 전에 반려동물에 대한 충분한 정보를 습득할 수 있는 교육 프로그램을 개발하고, 이를 반려동물 관련 웹사이트, 소셜 미디어, 지역 커뮤니티 등을 통해 홍보합니다. 또한, 반려동물의 종류별 특성, 사료 및 영양, 건강 관리 방법 등에 대한 다양한 정보를 제공하여 새로운 오너들이 적절한 선택을 할 수 있도록 지원합니다.

셋째, 동물 의료에 대한 정보입니다. 예방 접종, 건강 관리, 긴급 상황 대처 방법 등을 배우고 동물을 정기적으로 수의사에게 검진하도록 합니다.

제2항. 적절한 환경 조성 책임

반려동물의 행복과 안녕을 위해서는 적절한 환경이 필요합니다.

첫째, 적절한 품종 선택 및 충분한 공간 제공입니다. 반려동물을 선택할 때, 그 동물의 특성과 우리의 라이프스타일을 고려해야 합니다. 작은 아파트에서는 큰 견종보다는 작은 견종이나 고양이가 더 적합할 수 있습니다. 품종의 활동 수준, 크기, 모집 적성 등을 고려하여 적절한 선택을 해야 합니다. 그리하면, 충분한 공간을 확보하고, 동물에게 필요한 휴식과 활동 공간을 제공할 수 있습니다.

둘째, 충분한 훈련과 사회화입니다. 반려동물을 키우는 것은 교육과 훈련의 연속입니다. 올바른 훈련을 통해 동물은 사회적으로 적응하고, 문제 행동을 줄일 수 있습니다. 특히 강아지의 경우 사회화 훈련은 중요합니다. 훈련은 반려동물과 오너 간의 긍정적인 상호 작용을 통해 이루어져야 합니다.

셋째, 적절한 영양 공급입니다. 반려동물의 영양은 건강에 직접적인 영향을 미칩니다. 영양 균형 잡힌 식사를 제공하고, 고려해야 할 특별한 식사 요구 사항이 있는지 알아봐야 합니다. 권장 사항에 따라 음식을 제공하고, 주기적으로 수의사와 상담하여 건강한 식사 계획을 수립해야 합니다.

넷째, 환경 고려입니다. 반려동물을 위한 안전하고 편안한 환경을 조성해야 합니다. 안전한 공간, 충분한 운동 공간, 잠자리, 장난감, 식수 공급 등을 고려해야 합니다.

제3항. 정기적인 예방 접종과 건강 관리 책임

첫째, 정기적인 예방 접종과 건강 검진입니다. 반려동물의 건강을 유지하기 위해서는 정기적인 예방 접종과 건강 검진을 실시해야 합니다. 필요한 경우, 동물 병원에서 전문적인 치료를 받을 수 있도록 준비된 긴급 상황 대비 계획을 수립해 두어야 합니다.

둘째, 예방적 의료 관리입니다. 반려동물을 예방적으로 관리하는 것은 긴급 상황을 예방하고 동물의 건강을 유지하는 데 중요합니다. 예방 접종, 내/외부 해충 통제, 정기적인 건강 검진을 포함한 의료 관리를 실천해야 합니다.

제4항. 사회적 및 윤리적 책임

첫째, 입양 촉진 및 유기 동물 문제 해결입니다. 유기 동물 입양을 촉진하기 위해 동물 보호센터와 협력하여 입양 이벤트를 주최하고, 입양 시 입양료 할인이나 보호 동물에 대한 특별 혜택을 제공합니다. 또한, 유기 동물 문제를 줄이기 위해 중성화 캠페인을 진행하고, 입양 전 반려동물을 중성화하는 것을 권장합니다.

둘째, 적절한 행동 교육과 사회화입니다. 반려동물의 행동 교육을 위해 전문가의 도움을 받거나 훈련 프로그램에 참여합니다. 사회화를 위해 다른 반려동물과의 만남을 조화롭게 관리하고, 사람들과의 소통을 증진시킵니다.

셋째, 환경 보호와 공공장소 예절입니다. 반려동물이 공공장소에서 안전하고 친화적으로 행동할 수 있도록 지도합니다. 산책 시 반려동물 배설물을 적절히 처리하고, 공공장소를 깨끗하게 유지합니다.

넷째, 사회 참여 및 봉사 활동입니다. 지역 사회의 반려동물 관련 행사나 봉사 활동에 참여하여 반려동물을 통해 사회에 기여하는 경험을 제공합니다.

다섯째, 충분한 관심과 애정입니다. 반려동물은 사랑과 관심을 필요로 합니다. 매일의 산책, 놀이 시간 제공, 적절한 영양 관리 등을 통해 정성스러운 관심과 애정을 표현해야 합니다

책임 있는 반려동물 오너십은 동물의 복지와 행복을 최우선으로 고려

하는 노력의 결과물입니다. 반려동물을 선택할 때부터 시작하여 품종 선택, 훈련, 영양 관리, 의료 관리, 환경 고려, 애정 표현 등 다양한 측면에서 책임을 다해야 합니다. 이러한 실천 방안을 따르면 반려동물과 함께 행복한 시간을 보낼 수 있을 뿐 아니라, 동물의 행복과 안녕을 보장할 수 있습니다. 우리는 반려동물의 행복한 삶을 위해 지속적인 노력과 교육이 필요하며, 위에서 제시한 방안들을 실천함으로써 더 나은 반려동물 관계를 형성할 수 있을 것입니다. 이러한 노력은 우리의 삶뿐만 아니라 반려동물의 삶에도 긍정적인 영향을 미칠 것입니다.

- 매우 안정적이며 잘 교화되는 특징을 가지고 있어 가족과 어울리기 좋은 반려동물입니다.
- 사물에 호기심을 가지지만 과격하거나 공격적이지 않으며, 평화로운 환경을 선호합니다.

주요 특성:

- 단단하고 근육질의 체격을 가지며, 몸은 중간 정도의 길이와 높이를 갖고 있습니다.
- 둥근 머리와 큰 원형 눈, 짧고 뭉툭한 코를 가지고 있으며, 두꺼운 털과 풍성한 꼬리로 특징지어집니다.
- 짧은 털은 무광택 하고 푹신하며, 간단한 브러싱으로 관리가 가능합니다.
- 다양한 색상과 패턴을 가질 수 있으며, 블루, 블랙, 크림, 시나몬 등 다양한 색상이 있습니다.

키울 때 주의점:

- 활동량이 낮은 편이기 때문에 너무 많은 운동을 필요로 하지 않습니다. 그러나 적당한 운동을 제공하여 비만을 예방하는 것이 중요합니다.
- 사람들과 잘 지내지만, 새로운 환경이나 다른 동물들과의 만남에 조심스러울 수 있으므로 사회화 훈련을 시행하는 것이 좋습니다.
- 주기적인 건강 검진과 치아 관리가 중요하며, 올바른 식사와 청결한 환경을 제공해야 합니다.

제7항. 라그돌(Ragdoll)

체격 크기:

- 대형 고양이로 분류되고 있습니다.
- 수컷의 경우, 성체 고양이의 몸무게는 대략 7-9kg 정도입니다.
- 암컷은 수컷보다 작을 수 있으며, 성체의 몸무게는 대략 5-7kg 정도입니다.

성격:

- 온순하고 사람을 좋아하는 성격으로 잘 알려져 있습니다.
- 주로 안정된 성향을 가지며, 친절하고 사회적입니다.
- 소리를 크게 내지 않으며, 집에서는 평화로운 분위기를 선호합니다.
- 사람들과 함께 시간을 보내는 것을 즐기며, 주인을 충실하게 따라다닙니다.

주요 특성:

- 큰 몸집과 아름다운 극적인 눈, 부드럽고 길고 푹신한 털을 가지고 있습니다.
- 특히 라그돌의 이름을 뽑아낸 특징 중 하나는 그들의 눈입니다. 크고 둥근 눈은 파란색 또는 파란색 계열의 색조를 가지며, 매력적으로 보입니다.
- 몸은 대체로 길고 풍성한 털로 덮여 있으며, 그 털의 색상은 다양할 수 있습니다.

키울 때 주의점:

- 인간 애정을 필요로 하므로 많은 사람들과 상호 작용하고 정기적인 사회적 활동을 유지하는 것이 중요합니다.
- 털은 푹신하고 아름다우나 무거우므로 라그돌 고양이의 털을 자주 빗어 주고, 모발 다듬이를 사용하여 털을 유지해야 합니다.
- 올바른 사료와 적절한 포만감을 유지하는 것이 중요하며, 건강한 식사 습관을 유지하는 것이 좋습니다.
- 건강 관리를 위해 정기적인 수의사 검진이 필요하며, 백신과 예방 접종 등의 예방 조치를 취해야 합니다.
- 안전하게 나갈 수 있는 야외 공간이 있다면 라그돌 고양이가 야외에서 활동하도록 하는 것도 고려할 만합니다.

제8항. 벵골(Bengal)

체격 크기:

- 중대형 종으로 분류되고 있습니다. 그러나, 성별에 따라 크기가 다를 수 있으며, 보통 수컷은 암컷보다 더 크고 무겁습니다.
- 수컷의 경우, 성체 고양이의 몸길이는 대략 55-80㎝ 정도이고, 몸무게는 대략 5-8㎏ 정도입니다.
- 암컷은 수컷보다 작을 수 있으며, 성체 고양이의 몸길이는 55-80㎝ 정도이고, 몸무게는 대략 3-5㎏ 정도입니다.

성격:

- 활동적이고 호기심이 많은 성격을 가진 벵골 고양이는 매우 지능적입니다.
- 높은 지능을 갖고 있어서 놀이와 게임을 즐기며 계속해서 무언가를 배우려고 합니다.
- 사람들과의 상호 작용을 즐기며, 사회성이 뛰어나기 때문에 집안 다른 반려동물이나 가족 구성원들과 잘 어울립니다.

주요 특성:

- 길쭉하고 탄탄한 체격을 가지고 있으며, 강하고 근육질인 외모를 갖고 있습니다.
- 특별한 터프트(Tuft) 패턴을 갖춘 아름다운 털빛과 아피카스 스폿(ocelot-like spots)이 특징입니다.
- 활발하며 놀이를 좋아하므로 자주 놀이 시간을 제공해 주어야 합니다.
- 물에 관심이 많아 목욕을 좋아하는 개체도 있지만, 대부분의 고양이들은 물을 싫어하므로 주의가 필요합니다.

키울 때 주의점:

- 놀이와 활동을 위한 충분한 공간과 장난감을 제공해야 합니다. 무작정 방치하면 활발한 성격으로 인해 가구를 파손할 수 있습니다.
- 정기적인 사회화가 필요하므로 다른 반려동물이나 방문자와의 상호 작용을 장려해야 합니다.
- 건강한 식사 및 꾸준한 수의사 검진을 유지해야 합니다.

- 털 케어도 중요하며, 빗질을 주기적으로 해 주어야 합니다.

제9항. 한국 고양이(Korean Shorthair)

체격 크기:

- 중간 정도의 체격을 가진 중형 고양이로 분류되고 있습니다.
- 일반적으로 성체 고양이의 어깨 높이는 대략 20-25㎝ 정도이고, 몸무게는 대략 3-5㎏ 정도입니다.
- 중간 크기의 귀와 다리를 가지고 있으며, 몸은 탄탄하고 균형 잡힌 형태를 가지고 있습니다.

성격:

- 대체로 온순하고 친근한 성격을 가지고 있습니다.
- 주인에게 충성스럽고, 가족 구성원들과 잘 어울립니다.
- 대부분 사람들과 잘 지내며, 새로운 사람들과의 만남을 환영하고 사회적인 고양이로 알려져 있습니다.
- 호기심이 많고 활발하며 놀이를 즐깁니다.
- 지적이고 학습력이 뛰어나므로 훈련을 통해 다양한 트릭을 익힐 수 있습니다.

주요 특성:

- 털 색상과 무늬에서 다양성을 보입니다. 흰색, 검은색, 회색, 붉은색, 브라운, 터틀쉘(양서로 무늬가 섞인 털) 등 다양한 색상의 한국 고양

이가 있습니다.

- 짧은 털을 가지고 있어 털 관리가 비교적 쉽습니다.

키울 때 주의점:

- 올바른 사료와 식사 습관을 유지하여 건강한 상태를 유지하도록 도와주어야 합니다.
- 활발한 성격을 가진 한국 고양이는 활동과 놀이가 필요합니다. 장난감을 제공하고 놀아 주는 시간을 확보해 주어야 합니다.
- 예방 접종과 정기적인 건강 검진을 통해 질병 예방 및 조기 진단에 주의를 기울여야 합니다.
- 사회적인 고양이이므로 다른 동물과 친숙하게 만들기 위해 사회화 훈련을 시행해야 합니다.
- 짧은 털을 가지고 있지만 털 빗질과 목욕이 필요할 수 있습니다. 귀와 이를 주기적으로 청소해 주어야 합니다.

제10항. 스노우 벵골(Snow Bengal)

체격 크기:

- 중간 정도의 체격을 가진 중형 고양이로 분류되고 있습니다.
- 일반적으로 성체 고양이의 어깨 높이는 대략 20-25㎝ 정도이고, 몸무게는 대략 4-7㎏ 정도입니다.
- 중간 크기의 귀와 다리를 가지고 있으며, 몸은 탄탄하고 균형 잡힌 형태를 가지고 있습니다.

- 스노우 벵골은 벵골 고양이와 유사한 체격을 가지고 있으며, 근육질이며 탄력적인 체구를 가지고 있습니다.

성격:

- 활발하고 호기심 많으며, 사람들과 상호 작용하는 것을 좋아합니다.
- 다른 고양이와도 잘 지낼 수 있으나, 주인과의 상호 작용을 즐깁니다.
- 매우 지능적이고 학습 능력이 뛰어나기 때문에 훈련을 통해 다양한 트릭을 익히거나 놀이를 할 수 있습니다.

주요 특성:

- 가장 뚜렷한 특징 중 하나는 그들의 아름다운 털 색깔과 무늬입니다. 그들은 하얀 코트에 차분한 표정을 가지고 있으며, 눈, 귀, 꼬리 주위에 뚜렷한 검은색 무늬를 가지고 있습니다.
- 활동적이며, 많은 운동과 놀이를 필요로 합니다. 미용제로 유명하며, 활발한 게임과 미끄럼 방지 매트 등을 제공하여 활동량을 충족시켜 주어야 합니다.
- 종종 높은 음성으로 소리를 내며 의사소통합니다. 그러나 그 소리는 대부분 상호 작용이나 주인에 대한 애정의 표현입니다.

키울 때 주의점:

- 활발한 고양이로, 충분한 신체 활동이 필요합니다. 매일 놀이 시간과 장난감을 제공하여 그들의 활동 수준을 유지해야 합니다.
- 어린 시절부터 다른 동물과 사회화하도록 노력해야 합니다. 이는 다

른 고양이나 반려동물과의 원활한 동거를 돕습니다.

- 아름다운 털은 주기적인 미용이 필요할 수 있습니다. 또한 털이 떨어질 수 있으므로 매일 빗어 주어 털 뭉치를 방지해야 합니다.

제3절. 기타 반려동물

한국에서 강아지와 고양이를 제외하고 가장 많이 기르는 기타 반려동물 9종을 2021년까지의 인터넷상의 정보를 기반으로 ChatGPT를 활용하여 선정하고 순위별로 나열하였습니다. 이 절에서는 이렇게 선정된 기타 반려동물 9종의 품종을 살펴보고 그들의 체격 크기, 성격, 주요 특성, 그리고 키울 때 주의해야 할 점 등에 대해 설명하겠습니다. 하지만, 한국에서는 다양한 종류의 반려동물을 기르는 사람들이 있으며, 이 중에서도 아래에 나열한 기타 9종의 동물들은 상대적으로 많이 기르는 종류 중 일부입니다. 또한, 반려동물 인기는 지역 및 시대에 따라 변할 수 있으므로 이 목록은 일반적인 경향을 나타내는 것일 뿐, 모든 경우에 해당하지는 않을 수 있습니다. 또한, 개인의 취향에 따라 색다른 동물을 반려동물로 선택하는 경우도 많기 때문에 이 목록은 참고용으로만 생각하시면 되겠습니다. 반려동물을 선택할 때는 가족의 생활 양식과 운동 수준, 훈련 등을 고려하여 가장 적합한 품종을 고르는 것이 중요합니다.

1. 거북이(Turtles)
2. 햄스터(Hamsters)
3. 토끼(Leporids)
4. 금붕어(Goldfish)
5. 앵무새(Parrots)
6. 기니피그(Guinea pig)
7. 친칠라(Chinchilla)

8. 길고양이(Feral cat)

9. 도마뱀(Korean skink)

제1항. 거북이(Turtles)

체격 크기:

- 거북이의 크기는 종류에 따라 다릅니다.
- 대부분의 반려 거북이 종류는 10-30㎝ 정도의 크기를 가지지만, 큰 종류는 40-60㎝ 이상까지 다다를 수 있습니다.
- 따라서 거북이를 선택할 때 어떤 종류를 키울 것인지 미리 알고 결정해야 합니다.

성격:

- 대체로 조용하고 차분한 동물로 알려져 있습니다.
- 성격은 개체마다 다를 수 있으며, 특히 처음부터 다른 거북이와 함께 키우면 서로 대립할 수 있으므로 주의가 필요합니다.

주요 특성:

- 거북이는 물생과 육생 종류가 있습니다.
- 물생 거북이는 주로 수중에서 생활하며 수온, 수질 조건을 유지해야 합니다.
- 육생 거북이는 물에 들어가지만 물에서 먹이를 먹는 것보다 더 건조한 환경을 선호합니다.

- 따라서 거북이의 종류에 따라 어떤 환경을 제공해야 할지 알아야 합니다.

키울 때 주의점:

- 오랜 수명을 가지는 동물이므로 긴 시간 동안 책임 있게 돌봐야 합니다.
- 적절한 거주지 환경을 제공해야 합니다. 이것은 물생 거북이와 육생 거북이에 따라 다를 수 있습니다.
- 올바른 온도와 조명을 유지해야 합니다. 거북이는 온도 조절이 중요하며, 자외선 조명이 필요할 수 있습니다.
- 적절한 먹이를 제공해야 합니다. 거북이의 먹이는 종류에 따라 다를 수 있으며, 균형 잡힌 식사가 필요합니다.
- 건강을 주기적으로 모니터링하고, 필요한 경우 수의사의 도움을 받아야 합니다.

제2항. 햄스터(Hamsters)

체격 크기:

- 햄스터는 작고 가벼운 동물로 분류됩니다.
- 일반적으로 몸길이가 10-18㎝ 사이로 성장합니다.
- 몸무게는 종류에 따라 다를 수 있으며, 대략 30-170g 정도입니다.

성격:

- 햄스터의 성격은 종류와 개별 개체에 따라 다를 수 있지만, 대체로

소심하고 신중한 동물로 알려져 있습니다.

- 처음에는 소심할 수 있으나 시간이 지나면 사람에게 대담해질 수 있습니다.
- 야행성 동물이기 때문에 주로 밤에 활동하며, 주간에는 대부분 자고 있습니다.

주요 특성:

- 주둥이가 짧고 납작하며, 작은 귀와 꼬리를 가지고 있습니다.
- 주둥이 주위에 큰 볼을 가지고 있어서 먹이를 보관할 수 있습니다.
- 느리지만 꾸준한 걸음걸이로 활발하게 움직입니다.
- 약간의 털 뭉치가 발 밑에 있어서 미끄러지지 않도록 도와줍니다.

키울 때 주의점:

- 작은 케이지나 운동 공간이 필요하며, 금속 바닥이 아닌 플라스틱 바닥을 가진 케이지를 선택하는 것이 좋습니다.
- 매일 신선한 물과 고품질의 햄스터 사료를 제공해야 합니다.
- 냄새에 민감하므로 강한 냄새를 가진 제품을 사용하지 마십시오.
- 사람의 손길에 익숙해지도록 손질을 시키는 것이 좋습니다.
- 다양한 햄스터 종류가 있으며, 종류마다 특성이 다를 수 있으므로 종류를 선택할 때 각각의 특성을 충분히 고려해야 합니다.

제3항. 토끼(Leporids)

체격 크기:

- 토끼의 크기는 종류에 따라 다를 수 있으며, 소형 종에서는 몸길이가 20-30㎝, 대형 종에서는 몸길이가 50㎝ 이상에 달할 수 있습니다.
- 몸무게 역시 종에 따라 다르며, 소형 종은 1㎏ 미만부터 대형 종은 5㎏ 이상까지 다양합니다.

성격:

- 토끼는 개체마다 성격이 조금씩 다를 수 있지만, 대체로 조용하고 부드러운 성격을 가집니다.
- 토끼는 사람에게 친근하게 다가갈 수 있으며, 적당한 소리와 조용한 환경을 선호합니다.

주요 특성:

- 토끼는 야행성으로 주로 밤에 활동합니다. 이는 낮에는 쉬고 밤에 먹이를 찾아다닌다는 뜻입니다.
- 토끼의 이빨은 계속해서 성장하므로 따로 씻어 주지 않으면 과식으로 이빨 문제가 발생할 수 있습니다.
- 토끼는 여러 소화 기관을 가지고 있어 채소와 건초 같은 식물성 먹이를 소화하기에 적합합니다.

키울 때 주의점:

- 토끼를 안전하게 키우려면 적절한 울타리나 케이지를 제공해야 합니다.
- 토끼는 건초와 채소를 주 먹이로 섭취합니다. 과식에 주의하며 과일이나 과자를 과도하게 주지 않도록 해야 합니다.
- 토끼는 사회적 동물이므로 다른 토끼나 사람과 상호 작용할 기회를 제공해야 합니다.
- 토끼의 이빨은 주기적으로 깎아 줘야 하며, 건강 검진과 필요시 수의사의 도움을 받아야 합니다.

제4항. 금붕어(Goldfish)

체격 크기:

- 금붕어는 일반적으로 작은 물고기 중 하나로 간주됩니다. 그러나 종류와 유전적 요소에 따라 크기가 다를 수 있습니다.
- 보통 성장하면 길이가 10-15㎝ 정도이며, 가장 큰 금붕어는 약 30㎝에 달할 수 있습니다.

성격:

- 평온하고 온화한 성격을 가진 물고기로 알려져 있습니다.
- 물속에서 주변 환경에 적응하기 쉬우며, 다른 물고기와도 잘 지낼 수 있습니다.
- 금붕어는 물고기끼리의 소통이 제한적이므로 사람들이 관찰하기에는 조용하고 평온한 동물입니다.

주요 특성:

- 금붕어의 가장 눈에 띄는 특징은 빛나는 황금색 비늘입니다.
- 금붕어는 다양한 종류가 있으며, 종류에 따라 비늘 색상, 몸 형태 및 지느러미의 모양이 다를 수 있습니다.
- 금붕어는 적당한 물 온도와 수질을 유지하는 것이 중요하며, 수온은 대략 20-24℃ 사이가 적합합니다.
- 먹이로는 물고기 플레이크, 야채, 곤충의 애벌레 등 다양한 식품을 먹이면 됩니다.

키울 때 주의점:

- 금붕어를 위한 적합한 수조를 제공해야 합니다. 충분한 크기의 수조, 필터 시스템, 수온 조절 장치가 필요합니다.
- 금붕어는 먹이 공급을 규칙적으로 해야 하며, 한번에 너무 많은 양을 주지 않도록 주의해야 합니다.
- 물의 질을 유지하기 위해 정기적인 물 교환 및 청소가 필요합니다.
- 금붕어는 고립되어 있지 않고 다른 금붕어나 비슷한 크기의 물고기와 함께 키우는 것이 좋습니다.
- 금붕어의 건강을 확인하기 위해 정기적으로 수온과 물질 교환 상태를 모니터링해야 합니다.

제5항. 앵무새(Parrots)

체격 크기:

- 앵무새는 다양한 크기와 종류가 있으며, 작은 종류부터 큰 종류까지 다양하게 분포합니다.
- 작은 앵무새는 약 10-20㎝ 정도의 크기를 가지며, 큰 종류는 90㎝ 이상까지 성장할 수 있습니다.
- 따라서 앵무새를 키울 때에는 어떤 종류의 앵무새를 원하는지를 고려하여 선택해야 합니다.

성격:

- 개성 강한 동물로, 각 개체마다 성격이 다를 수 있습니다.
- 대체로 지능적이고 사교적인 동물로 알려져 있습니다.
- 많은 앵무새가 인간과의 상호 작용을 즐기며 학습 능력이 뛰어나기 때문에 훈련과 교육을 통해 사회화시키는 것이 중요합니다.

주요 특성:

- 매력적인 부분 중 하나는 앵무새의 말하기 능력입니다.
- 일부 앵무새는 인간의 말을 학습하여 흉내내기를 배울 수 있습니다.
- 또한 다양한 소리와 노래를 부르는 데 뛰어나며, 화려한 깃털과 생동감 있는 색깔을 가지고 있어 시각적으로도 매력적입니다.

키울 때 주의점:

- 오랜 기간 동안 수명을 가질 수 있으므로 그들의 장기적인 관리를 고려해야 합니다.
- 적절한 크기와 모양의 새장을 제공하여 자유롭게 날 수 있도록 해야 합니다.
- 영양 균형을 잘 맞춘 새 식물과 과일을 제공해야 하며, 신선한 물을 항상 제공해야 합니다.
- 정기적인 사회화와 활동을 통해 앵무새의 지적 및 신체적 활동을 유지해야 합니다.
- 적절한 깃털 관리와 건강 검진이 필요합니다.
- 소음과 먼지를 싫어하는 경우가 있으므로, 주거 환경을 고려해야 합니다.

제6항. 기니피그(Guinea pig)

체격 크기:

- 기니피그는 작은 동물로 성체 기니피그의 길이는 보통 20-25㎝ 정도이며, 몸무게는 700-1200g 사이입니다.
- 그러나 종류에 따라 크기가 다를 수 있습니다.

성격:

- 대체로 사교적이고 친화적인 동물로 알려져 있습니다. 그러나 기니피그의 성격은 개체마다 조금 다를 수 있습니다.

- 어린 기니피그는 더 활발하고 호기심이 많을 수 있으며, 적절한 사회화와 조용한 사육을 통해 더 친숙하게 만들 수 있습니다.

주요 특성:

- 사회적 동물로, 다른 기니피그와 함께 살아가는 것을 선호합니다.
- 한 마리만 키울 경우 주인과의 상호 작용을 더 많이 필요로 할 수 있습니다.
- 건강한 식사가 중요합니다. 신선한 과일, 야채 등을 제공해야 합니다.
- 몸무게를 유지하기 위해 휠이나 케이지 안에서 활동할 수 있는 충분한 공간이 필요합니다.
- 조용한 환경을 좋아하며 긴 귀로 소리를 잘 감지합니다.

키울 때 주의점:

- 적절한 케이지 크기와 청결한 환경을 유지해야 합니다. 기니피그는 깨끗한 환경을 좋아합니다.
- 매일 신선한 물과 건초를 제공해야 합니다.
- 새로운 기니피그를 추가할 때는 서로 적응할 수 있도록 조심스럽게 소개해야 합니다.
- 정기적인 수의사 방문을 통해 건강을 모니터링하고 백신 접종 등 필요한 의료 관리를 해야 합니다.

제7항. 친칠라(Chinchilla)

체격 크기:

- 친칠라는 작고 가벼운 설치류 동물로, 평균적으로 몸무게가 500-800g 사이에 위치합니다.
- 몸길이는 약 23-38㎝ 정도로 작고 길쭉한 형태를 가지고 있습니다.

성격:

- 사람에 대한 호기심이 많고 똑똑한 동물로 알려져 있습니다.
- 일반적으로 조용하고 부드러운 성격을 가지고 있으며, 손길에 익숙해지면 사람들과 상호 작용을 즐깁니다.
- 개체마다 성격이 다를 수 있으므로 적응 기간을 주는 것이 중요합니다.

주요 특성:

- 빛나는 밀짚 색 털은 매우 부드럽고 유명합니다.
- 야행성 동물로 주로 밤에 활동하며 새벽 혹은 이른 아침에도 활동할 수 있습니다.
- 식물성 식사를 하며, 건초, 헤이, 채소, 과일 등 다양한 식품을 먹습니다.

키울 때 주의점:

- 깨끗한 환경을 유지해야 합니다. 배변물과 머리카락이 쉽게 먼지와 물에 묻을 수 있으므로 케이지나 주거 공간을 꾸준히 청소해야 합니다.
- 적절한 온도와 습도를 유지하는 것이 중요합니다. 친칠라는 추위에

민감하므로 온도가 너무 낮지 않아야 합니다.

- 사회적 동물이므로 혼자 두지 말고 다른 친칠라와 함께 키우는 것이 좋습니다.
- 규칙적인 건강 검진을 받도록 하고, 친칠라의 치아를 주기적으로 관리해야 합니다.

제8항. 길고양이(Feral cat)

체격 크기:

- 길고양이의 체격 크기는 다양합니다. 크기는 종류, 나이, 건강 상태 등에 따라 다를 수 있습니다.
- 일반적으로는 중간 정도의 크기를 갖고 있으며, 몸무게는 2.5-7kg 정도가 될 수 있습니다.

성격:

- 길고양이는 인간에 대한 두려움과 경계심이 큰 경우가 많습니다.
- 야생에서 오랜 시간 동안 살았기 때문에 인간의 접근을 두려워하며 사람들에게 항상 경계를 가지고 있을 수 있습니다.

주요 특성:

- 주로 사냥을 통해 먹이를 얻습니다. 이러한 특성은 반려 고양이와 다릅니다.
- 독립적이며, 야간에 활동적입니다.

- 먹이를 찾고 숨어서 생활하려고 하는 경향이 있습니다.

키울 때 주의점:

- 지역 법규를 확인하고 길고양이를 키우는 데 필요한 허가나 동의를 얻는 것이 중요합니다.
- 길고양이를 인간에 익숙하게 만드는 것은 어렵지만, 사회화 과정을 통해 길고양이가 사람에게 덜 경계심을 가지도록 할 수 있습니다.
- 길고양이를 받아들였다면 즉시 수의사의 진료를 받아 건강 상태를 확인하고 필요한 예방 접종과 중성화 수술을 시행해야 합니다.
- 길고양이를 실외에서 키우는 경우, 안전한 공간과 길고양이를 위한 보호 장치를 마련해야 합니다.

제9항. 도마뱀(Scincella vandenburghi)

체격 크기:

- 도마뱀은 파충류 중 종류가 가장 많고, 크기는 종에 따라 크게 다를 수 있지만, 그중 파충류 반려동물로 주로 입양되는 약 500여 종의 평균 몸길이는 꼬리까지 포함하면 대략 7-20㎝ 정도입니다.
- 한국 도마뱀(Scincella vandenburghi, also known as the Korean skink)은 파충류 반려동물로 한국에서 인기가 있습니다. 주로 입양되는 한국 도마뱀의 몸길이는 꼬리까지 포함하면 대략 7-11㎝ 정도입니다. 몸통은 가늘고 길며, 꼬리는 몸통보다 약간 길게 되어 있습니다.

- 게코 도마뱀(Geockos)은 다양한 종류가 있으며, 특히, 토케이 게코(Tokay gecko), 레오파드 게코(Leopard gecko), 크레스티드 게코(Crested gecko), 하우스 게코(Common house gecko) 등이 파충류 반려동물로 한국에서 인기가 있습니다. 주로 입양되는 게코 도마뱀의 몸길이는 꼬리까지 포함하면 대략 12-20㎝ 정도입니다.
- 아놀 도마뱀(Anolis)은 다양한 종류가 있으며, 특히, 녹색아놀 도마뱀(Anolis carolinensis or green anole)은 파충류 반려동물로 한국에서 인기가 있습니다. 주로 입양되는 녹색아놀 도마뱀의 몸길이는 대략 6-8㎝이며 꼬리까지 포함하면 대략 14-20㎝ 정도입니다.
- 스킨크 도마뱀(Scincus scincus or common skink)은 파충류 반려동물로 한국에서 인기가 있습니다. 주로 입양되는 스킨크 도마뱀의 몸길이는 꼬리까지 포함하면 대략 12-20㎝ 정도입니다.

성격:

- 대부분의 도마뱀은 소심하고 경계심이 많은 성격을 가집니다.
- 한국 도마뱀 또한 비교적 소심한 편이며, 사람들에게 길들여지기 어려울 수 있습니다.
- 충분한 사회화 과정과 조용한 환경에서 키우면 한국 도마뱀도 사람들에게 익숙해질 수 있습니다.

주요 특성:

- 한국 도마뱀은 작고 가늘게 생긴 몸을 가지고 있습니다.
- 몸은 주로 갈색이나 회색의 작은 점무늬가 있을 수 있습니다.

- 한국 도마뱀은 기본적으로 벽돌, 돌, 나무 등에서 찾아다닙니다.
- 부드러운 토양과 작은 벌레, 벌레의 애벌레, 작은 곤충 등을 주로 먹습니다.

키울 때 주의점:

- 한국 도마뱀을 위한 적절한 주거 환경을 제공해야 합니다. 작은 수평 가지, 돌, 소규모 동굴 등을 포함한 자연스러운 환경을 조성해 주는 것이 좋습니다.
- 한국 도마뱀은 따뜻한 온도와 상대적으로 높은 습도를 필요로 합니다. 따라서 열 등을 사용하여 적절한 온도를 유지하는 것이 중요합니다.
- 작은 벌레, 곤충, 작은 애벌레 등을 주로 먹이로 줍니다. 영양 균형을 유지하기 위해 다양한 종류의 먹이를 제공하는 것이 좋습니다.
- 한국 도마뱀을 키우려면 주기적인 관찰과 조용한 상호 작용을 통해 도마뱀을 사람에게 익숙하게 만들어야 합니다.

제3장

반려동물의 양육, 돌봄과 훈련

제1절. 행복한 주거 환경을 위한 주거 공간 디자인

반려동물은 우리 삶에서 더 이상 빠질 수 없는 가족 구성원으로 자리 잡았습니다. 이에 따라 반려동물을 위한 쾌적하고 행복한 주거 환경을 만들기 위한 주거 공간 디자인은 더 중요해지고 있습니다. 이 절에서는 반려동물의 행복과 안녕을 위한 주거 환경 디자인에 대해 논의하고, 어떻게 개선할 수 있는지 제안하고자 합니다.

제1항. 주거 환경 디자인의 필요성

첫째, 충분한 활동 공간의 마련입니다. 반려동물은 활발한 생활을 필요로 하며, 다양한 활동을 통해 건강을 유지합니다. 주거 공간 내에는 반려동물이 놀 수 있는 공간, 쉴 수 있는 휴식 공간, 놀이를 할 수 있는 놀이 공간 등을 고려하여 마련해야 합니다.

둘째, 안전한 환경 보장입니다. 반려동물의 안전은 최우선 고려 사항

중 하나입니다. 예방적으로 전기 코드나 유해한 물질에 대한 접근을 막을 수 있는 디자인을 고려해야 합니다. 또한, 창문과 발코니 등의 개방적인 부분에 안전망을 설치하여 낙하 사고를 방지하는 등의 조치를 취해야 합니다.

셋째, 환기와 쾌적한 환경 조성입니다. 반려동물과 함께하는 생활에서는 냄새와 공기 질이 중요한 요소입니다. 환기를 위한 창문의 위치와 환기 시스템을 적절하게 고려하여 공기의 흐름을 유지하고 냄새가 쉽게 퍼지지 않는 환경을 조성해야 합니다. 또한, 청결한 공간 유지를 위해 반려동물의 배변 처리 공간을 디자인에 포함하는 것이 중요합니다.

넷째, 소음과 진동에 대한 고려입니다. 반려동물은 소음과 진동에 민감한 경우가 많습니다. 인접한 주거 공간이나 외부 소음으로부터 반려동물을 보호하기 위해 접촉 소음을 최소화할 수 있는 장치나 재료를 사용하여 디자인해야 합니다.

다섯째, 반려동물 친화적 가구와 소품 선택입니다. 가구와 소품의 선택 역시 중요한 부분입니다. 반려동물에게 위험한 소재나 디자인을 피하고, 쉽게 청소할 수 있는 소재를 선택하는 것이 좋습니다. 또한, 반려동물이 더 편안하게 느낄 수 있는 침구류나 배치 디자인을 선택하여 그들의 안락함을 증진할 수 있습니다.

제2항. 주거 환경 디자인 시 고려 사항

반려동물을 위한 주거 환경을 디자인할 때, 주거 공간을 반려동물 친화적으로 만들기 위해서는 다음과 같은 요소를 고려해야 합니다.

첫째, 충분한 휴식 공간 마련입니다. 반려동물은 휴식과 수면이 중요합니다. 편안한 침대, 쿠션, 혹은 편안한 공간을 마련해 주어야 합니다.

둘째, 놀이와 활동 공간 마련입니다. 반려동물의 활동량을 고려하여 놀이와 활동을 할 수 있는 공간을 마련해 주어야 합니다. 장난감이나 활동 기구를 활용하여 놀이를 즐길 수 있도록 해야 합니다.

셋째, 청결한 환경 유지입니다. 반려동물 친화적인 환경을 유지하기 위해서는 주기적인 청소가 필요합니다. 털이 떨어지는 동물의 경우 털 정리를 위한 도구도 필요할 수 있습니다.

넷째, 자연과 조화입니다. 반려동물 친화적인 주거 환경은 자연과도 조화를 이루어야 합니다. 창문을 통해 자연광을 적극 활용하고, 조화로운 실내 식물을 통해 공기를 정화하고 편안한 분위기를 조성할 수 있습니다.

다섯째, 환경적 책임입니다. 마지막으로, 반려동물을 양육하면서 환경적 책임을 갖는 것이 중요합니다. 친환경적인 반려동물 용품을 선택하고, 에너지를 절약하고 폐기물을 처리하는 데 신경을 쓰는 것이 도움이 됩니다.

제3항. 주거 환경 개선을 위한 제안

첫째, 안전한 재료와 가구 선택입니다. 반려동물에게 해로울 수 있는 물건은 없애거나 안전한 재료와 가구로 대체해야 합니다.

둘째, 활동 공간 마련입니다. 충분한 운동 공간을 마련하고, 실내와 외부 활동을 즐길 수 있는 기회를 제공해 주어야 합니다.

셋째, 적절한 수면 공간 마련입니다. 반려동물에게 편안한 수면 공간을 마련하여 휴식을 취할 수 있도록 합니다.

넷째, 정기적인 청소와 관리입니다. 반려동물의 건강을 위해 주거 환경을 꾸준히 청소하고 관리해야 합니다.

결론적으로, 반려동물을 위한 행복한 주거 환경을 디자인하는 것은 그들의 행복과 건강을 위한 중요한 과제입니다. 공간, 안전, 휴식, 놀이, 청결, 자연과의 조화, 그리고 환경적 책임을 고려하여 디자인하면, 우리의 반려동물은 더 행복한 삶을 살 수 있을 것입니다. 이러한 디자인은 반려동물뿐만 아니라 우리 스스로와 우리 주변 환경에도 긍정적인 영향을 미칠 것입니다. 이를 통해 반려동물과 함께하는 삶이 더욱 풍요로워지는 결과를 얻을 수 있을 것입니다.

제2절. 기본적인 훈련 원칙과 방법

반려동물은 우리 생활에 큰 기쁨을 주는 동반자이지만 동시에 책임을 지는 것입니다. 그중 하나는 적절한 훈련을 통해 종합적으로 건강하고 행복한 관계를 구축하는 것입니다. 반려동물의 훈련은 행동 관리와 사회화를 강화하여 긍정적인 상호 작용을 촉진하며, 동물과의 깊은 유대감을 형성하는 데 도움을 줍니다. 이 절에서는 반려동물의 기본적인 훈련 원칙과 효과적인 훈련 방법에 대해 설명하겠습니다.

제1항. 훈련의 중요성

첫째, 반려동물 훈련은 더 나은 소통과 관계를 구축하는 데 있어 중요한 역할을 합니다. 훈련은 반려동물의 안전을 보장하고, 부정적인 행동을 통제하며, 사회적 상호 작용을 증진시킵니다.

둘째, 반려동물을 다른 동물과 사회화시키는 것은 중요한 부분입니다. 사회화는 주인과 동물 모두에게 긍정적인 경험을 제공하며, 반려동물이 다른 동물과 사람과 안전하게 상호 작용할 수 있도록 합니다.

제2항. 훈련의 종류

첫째, 기본 훈련입니다. 기본적인 명령어(앉아, 누워, 기다려 등)를 가르치는 것은 반려동물의 안전과 행복을 위해 필수입니다.

둘째, 문제 행동 대처입니다. 반려동물이 부정적인 행동을 보일 때 이를 수정하는 훈련도 중요합니다.

셋째, 미적인 훈련입니다. 반려동물의 미적인 습관을 가르치는 것은 환경을 보호하고 깨끗한 생활을 유지하는 데 도움이 됩니다.

제3항. 기본적인 훈련 원칙

첫째, 긍정적 보상 강화(Positive Reinforcement) 사용입니다. 반려동물을 훈련할 때 가장 효과적인 방법 중 하나는 긍정적인 강화를 사용하는 것입니다. 이는 원하는 행동이 나타날 때 강아지나 고양이에게 보상을 주는 것을 의미합니다. 보상은 간식, 칭찬, 혹은 터치 등이 될 수 있으며, 이로써 원하는 행동을 더 자주 반복하게 만듭니다.

둘째, 일관성 있는 규칙과 훈련입니다. 반려동물 훈련에서 일관성은 매우 중요합니다. 명령어나 규칙은 일관되게 적용되어야 하며, 가족 구성원 모두가 동일한 방식으로 행동해야 합니다. 이렇게 하면 반려동물이 혼란스럽지 않고 효과적으로 학습할 수 있습니다.

셋째, 짧은 세션입니다. 짧은 훈련 세션을 통해 반려동물의 집중력을 유지하고 지루함을 방지할 수 있습니다. 5-10분의 짧은 세션을 여러 번 반복하는 것이 효과적입니다.

넷째, 시간과 인내입니다. 훈련은 시간과 인내가 필요한 작업입니다. 반려동물은 우리의 기대와 요구를 이해하는 데 몇 번의 반복이 필요할 수 있습니다. 포기하지 않고 차근차근 훈련을 진행해야 합니다.

다섯째, 적절한 보상 선택입니다. 반려동물에게 적절한 보상을 선택하는 것이 중요합니다. 각 동물은 자신만의 성격과 선호도를 가지고 있으므로, 어떤 보상이 가장 효과적인지를 파악하는 데 시간이 걸릴 수 있습니다.

제4항. 훈련 방법

첫째, 기본 명령어 훈련입니다. "앉아", "누워", "기다려"와 같은 기본 명령어를 가르치는 것이 중요합니다. 원하는 행동을 보여 줄 때마다 긍정적인 보상을 함께 제공하여 연결시킵니다.

둘째, 불필요한 행동 수정입니다. 원치 않는 행동이나 문제 행동을 수정하기 위해 "안돼", "아니오"와 같은 부정적인 단어 대신 원하는 행동으로 대체할 수 있는 명령어를 사용합니다.

셋째, 간격 훈련입니다. 반려동물이 원하는 행동을 보여 줄 때에는 보상을 주고, 점차적으로 행동 간격을 늘려 가며 보상을 주는 간격 훈련을 활용합니다.

넷째, 훈련의 다양성과 지속성입니다. 훈련을 다양한 환경과 상황에서 진행해야 합니다. 이는 반려동물이 다양한 상황에서 원하는 행동을 이해하고 수행할 수 있도록 도와줍니다.

다섯째, 전문가의 도움입니다. 어려운 훈련이나 특수한 문제를 다룰 때는 전문가의 도움을 받는 것이 현명한 선택입니다.

결론적으로, 반려동물 훈련은 책임과 인내를 요구하는 작업이지만, 올바른 방법과 원칙을 따른다면 매우 만족스러운 결과를 얻을 수 있습니다. 긍정적인 강화, 일관성, 사회화, 그리고 인내를 기반으로 한 훈련은 반려동물과의 깊은 유대감을 형성하고, 문제 행동을 예방하고 수정하는 데 도움을 줄 것입니다. 긍정적 강화를 사용하고 일관성 있게 훈련을 진행하며, 인내와 사랑을 가지고 반려동물과의 훌륭한 동반자 관계를 구축하시길 바랍니다.

제3절. 균형 잡힌 식단(사료)과 영양

반려동물은 우리의 가족 구성원으로서, 건강하고 행복한 삶을 보낼 수 있도록 관리되어야 합니다. 이는 적절한 식단과 영양 공급을 통해 달성되어야 합니다. 이 절에서는 반려동물의 균형 잡힌 식단에 대한 중요성과 올바른 영양 공급의 방법에 대해 설명하고자 합니다.

첫째, 반려동물의 영양 요구 사항입니다. 반려동물은 우리와 마찬가지로 영양소를 필요로 합니다. 그러나 그들의 영양 요구량은 우리와 다를 수 있습니다. 예를 들어, 강아지와 고양이는 단백질과 지방을 높은 수준으로 필요로 하며, 특히 고양이는 타우린과 아라키돈산과 같은 특별한 영양소가 필요합니다. 올바른 영양소를 공급하지 않으면 건강 문제가 발생할 수 있습니다.

둘째, 균형 잡힌 식단의 중요성입니다. 반려동물의 건강을 지키기 위해서는 균형 잡힌 식단을 제공하는 것이 필수적입니다. 식사량, 단백질, 지방 및 탄수화물의 비율을 적절하게 조절하여 비만이나 영양 부족을 예방할 수 있습니다. 또한, 균형 잡힌 식단은 피부 건강, 소화 기능, 에너지 수준 등을 적절히 유지하며 수명을 연장할 수 있는 요인이 됩니다.

셋째, 사료 선택의 중요성입니다. 사료는 반려동물의 균형 잡힌 식단을 제공하는 데 핵심적인 역할을 합니다. 상업적인 반려동물 사료는 종류별, 연령별, 건강상태별로 다양하게 제공되며, AAFCO(The Association of American Feed Control Officials, 미국 사료관리협회)나 사단법인 한국 사료협회(Korea Feed Association)의 권고 사항을 준수하도록 선택하는 것이 중요합니다. 또한, 반려동물의 개별적인 특성을 고려하여 사료를 선택하고 이를 일정한 주기로 조절해야 합니다.

넷째, 사료 먹이는 방법과 주의 사항입니다. 반려동물에게 사료를 제공할 때에는 적절한 양과 먹이는 시간을 지켜야 합니다. 지나치게 많거나 적은 양의 사료는 건강에 해를 줄 수 있습니다. 또한, 갑작스러운 식단 변경은 소화 문제를 일으킬 수 있으므로 점진적으로 변경하는 것이 좋습니다.

다섯째, 추가 영양 공급의 고려입니다. 시각, 관절, 피부 건강 등 특별한 필요를 가진 반려동물의 경우, 추가적인 영양 공급이 필요할 수 있습니다. 이를 위해 수의사와 상의하여 필요한 보충제나 간식을 고려해야 합니다.

여섯째, 집밥 및 자가 조리식에 대한 것입니다. 일부 주인들은 직접 반려동물의 식사를 조리하거나 집밥을 선택합니다. 이 경우, 조리된 음식은 반려동물의 영양 요구를 충족시키기 위해 신중하게 계획되어야 합니다. 집밥을 제공할 때 반려동물에게 해로운 음식 및 재료를 피해야 합니다.

일곱째, 주의해야 할 음식 등입니다. 반려동물에게는 우리가 식용하는 식품 중 일부가 해로울 수 있으므로 이에 대한 인식이 필요합니다. 초콜릿, 양파, 대파, 마늘 등은 반려동물에게 유독성이 있을 수 있으며 주의해야 합니다.

결론적으로, 반려동물의 건강과 행복은 올바른 식단과 영양 공급에 크게 의존합니다. 올바른 사료 선택과 적절한 양의 공급을 통해 반려동물의 영양 요구를 충족시키고 건강한 삶을 지속할 수 있습니다. 균형 잡힌 식단을 제공하고, 반려동물의 특별한 요구를 고려하며, 수의사와 상담하여 올바른 영양 보충제를 사용하면 반려동물은 건강하게 살 수 있으며 우리와 함께 훌륭한 시간을 보낼 수 있을 것입니다. 그러므로 주인으로서 책임감을 가지고, 지속적인 관심과 관리를 통해 반려동물의 건강을 관리해야 합니다.

제4절. 건강 관리와 예방 접종

반려동물은 우리 삶에 큰 기쁨을 주는 가족 구성원으로서 중요한 위치를 차지하고 있습니다. 반려동물의 건강은 주인의 책임이며, 그들의 건강과 행복은 우리에게 중요한 문제이기 때문에 이에 대한 지식과 관심은 매우 중요합니다. 반려동물의 건강을 적절히 관리하고 예방 접종을 시행함으로써 그들의 삶의 질을 향상시키는 데 기여할 수 있습니다. 이 절에서는 반려동물의 건강 관리의 중요성과 예방 접종의 필요성에 대해 논의하고자 합니다.

제1항. 반려동물의 건강 관리 중요성

첫째, 영양과 식이 관리입니다. 반려동물의 건강을 유지하기 위해서는 적절한 영양소가 포함된 균형 잡힌 식단이 필수적입니다. 각 종마다 다른 영양 요구량이 있으므로 수의사나 전문가와 상담하여 적절한 사료를 선택하는 것이 중요합니다.

둘째, 적절한 운동과 활동입니다. 운동은 반려동물의 비만 예방 및 근육 발달에 중요한 역할을 합니다. 일상적인 산책, 놀이 시간 등을 통해 반려동물의 체력을 유지하고 스트레스를 완화할 수 있습니다.

셋째, 정기적인 건강 검진입니다. 반려동물의 건강 상태를 평가하기 위해 정기적인 건강 검진을 받아야 합니다. 이를 통해 잠재적인 질병이나 건강 이상을 조기에 발견하여 치료할 수 있습니다.

제2항. 예방 접종의 중요성

첫째, 질병 예방입니다. 예방 접종은 반려동물이 감염되어 심각한 질병에 노출될 위험을 줄여 줍니다. 병원체에 노출되지 않게 함으로써 감염성 질병의 확산을 막을 수 있습니다.

둘째, 사람과 동물의 안전 보장입니다. 일부 동물 질병은 인간에게도 전염될 수 있습니다. 예를 들어, 강아지의 광견병은 인간에게 매우 위험한 질병일 수 있습니다. 예방 접종은 인간과 반려동물 양쪽의 안전을 보장합니다.

셋째, 경제적 효율성입니다. 예방 접종은 반려동물의 건강을 유지하고 질병 치료로 인한 비용을 절감하는 데 도움이 됩니다. 질병에 걸릴 경우의 치료 비용과 비교하여 예방 접종 비용은 상대적으로 저렴합니다.

제3항. 예방 접종 주의 사항

첫째, 주요 예방 접종 정보입니다. 아래의 정보는 ChatGPT와 인터넷 기반의 정보를 취합한 것인 바, 동물학, 수의학 전문가의 전문적인 동물학적 판단에 의한 것이 아니므로 참고용으로만 활용하시기 바랍니다. 일반적으로, 강아지의 경우, 패럴라, 디스템퍼, 파보바이러스, 광견병, 켄넬코

프, 코로나바이러스, 관상동맥염 등의 백신이 필요합니다. 고양이의 경우, 발병률이 높은 광견병, 연쇄상감기, 파보바이러스, 캘리시바이러스, 백일해, 고양이 전염병 바이러스(FIV), 까마귀 전염병(FPV) 등을 막기 위한 백신이 필요합니다. 그러나, 구체적인 예방 접종 종류와 횟수 및 예방 접종 시기는 수의사와 상담 후 결정하는 것이 좋습니다.

둘째, 접종 주기와 스케줄입니다. 백신 접종 주기와 스케줄은 동물의 연령, 종류 및 지역에 따라 다를 수 있으므로 수의사와 상의하여 결정해야 합니다.

셋째, 접종 일정입니다. 반려동물의 접종 일정은 생존에 중요합니다. 반려동물의 나이와 생활 환경에 따라 수의사와 상의하여 접종 일정을 따르는 것이 중요합니다.

넷째, 접종 부작용입니다. 예방 접종 후 반려동물이 부작용을 보일 수 있습니다. 하지만 대부분의 부작용은 경미하며, 동물 병원의 전문가와 상담하면 해결할 수 있습니다.

결론적으로, 반려동물의 건강 관리와 예방 접종은 주인의 책임입니다. 정기적인 건강 검진, 예방 접종 스케줄을 준수하여 반려동물의 건강을 최우선으로 생각하는 태도가 중요합니다. 또한 예방 접종을 통해 다양한 질병을 예방하고 접종 일정을 지키는 것이 중요합니다. 이러한 관리와 예방책을 통해 우리는 우리의 동반자에게 행복하고 건강한 생활을 제공할 수 있습니다. 이렇게 주인으로서 책임감을 갖고 반려동물을 키워야 하며, 구체적인 예방 접종 시기와 주기는 수의사의 전문적인 조언을 듣고 실행하는 것이 중요합니다.

제5절. 반려동물의 언어와 의사소통

반려동물은 우리 삶에 큰 영향을 미치는 동반자로서, 우리와 함께 생활하며 많은 감정과 경험을 나누는 중요한 존재입니다. 하지만 반려동물은 사람과 다른 언어 체계와 의사소통 방식을 가지고 있습니다. 이 절에서는 반려동물의 언어와 의사소통에 대한 이해를 높이고, 주요 의사소통 방법 및 기술에 대해 살펴보겠습니다.

제1항. 반려동물의 언어

반려동물은 주로 몸짓, 표정, 소리 등을 통해 자신의 감정과 의도를 전달하려고 노력합니다.

첫째, 몸짓입니다. 반려동물의 꼬리 흔들림, 귀의 방향, 자세 등은 그들의 감정을 나타내는 중요한 지표입니다.

둘째, 표정입니다. 강아지나 고양이의 표정은 그들의 기분을 드러냅니다. 예를 들어, 행복한 반려동물은 꼬리를 흔들거나 웃는 표정을 보일 수 있습니다.

셋째, 소리입니다. 반려동물의 짖음, 울음, 노래 등은 그들의 필요나 감정을 나타냅니다.

넷째, 냄새입니다. 동물은 냄새를 통해 다른 동물의 상태를 감지하고 소통합니다.

그러나, 이러한 표현은 그 종류와 성격에 따라 다양한 의미를 갖습니다. 예를 들어, 강아지가 꼬리를 흔들면 기쁨이나 호기심을 나타낼 수 있지만, 고양이가 등을 보일 때는 위협적인 신호로 보일 수 있습니다.

제2항. 주요 의사소통 수단

첫째, 언어적 의사소통의 한계입니다. 반려동물은 인간과 달리 언어를 사용하여 추상적인 개념이나 추론을 전달하는 데 어려움을 겪습니다. 하지만 간단한 명령어나 훈련된 동작에 대한 이해는 가능합니다.

둘째, 비언어적 의사소통입니다. 이에는 다음과 같은 의사소통 수단이 있습니다.

가. 시각적 표현: 반려동물은 얼굴 표정, 몸의 움직임, 눈의 표현 등으로 감정을 표현합니다. 주인의 감정을 직감하고 그에 반응하기도 합니다.
나. 청각적 표현: 반려동물은 다양한 소리를 내며 주인에게 의미를 전달하려고 합니다. 강아지의 짖음, 고양이의 울음소리 등이 이에 해당합니다.
다. 체계적 표현: 반려동물은 행동 패턴을 통해 의사소통합니다. 예를 들어, 햇빛에 드러누워 있는 고양이는 편안한 상태를 나타내는 신호일 수 있습니다.

제3항. 의사소통 방법

반려동물과 주인 간의 의사소통은 상호적인 프로세스입니다. 주인은 반려동물의 언어를 이해하고, 동시에 반려동물에게 자신의 의도와 명령을 명확하게 전달해야 합니다. 이를 위해 다음과 같은 요소들이 중요합니다.

첫째, 언어 훈련입니다. 반려동물에게 기본적인 언어 훈련을 제공하면, 주인과 반려동물 간의 의사소통이 원활해집니다.

둘째, 명령어 사용입니다. 간단하고 일관된 명령어를 사용하여 반려동물에게 원하는 행동을 가르치고 의사소통할 수 있습니다.

셋째, 언어 톤입니다. 목소리 톤과 음성 강도를 조절하여 반려동물에게 특정 명령을 내릴 수 있습니다.

넷째, 몸짓 언어입니다. 몸을 사용하여 반려동물에게 의미를 전달할 수 있습니다. 손짓, 손동작 등을 활용합니다.

다섯째, 보상 훈련입니다. 반려동물에게 원하는 행동을 가르칠 때, 긍정적인 보상을 사용하여 학습을 촉진합니다. 반려동물이 원하는 행동을 보였을 때 긍정적인 보상을 제공함으로써 의사소통을 강화할 수 있습니다.

제4항. 의사소통을 향상시키기 위한 제안

첫째, 꾸준한 훈련과 연습은 반려동물과의 의사소통을 향상시키는 데 도움이 됩니다.

둘째, 반려동물의 감정 이해하기입니다. 반려동물은 특정 감정을 가질 수 있으며, 주인은 이를 이해하고 존중해야 합니다. 스트레스, 불안, 기쁨, 슬픔 등의 감정을 반려동물이 표현할 수 있습니다. 이러한 감정을 파악하고 그에 맞게 행동을 조절함으로써 반려동물의 행복을 증진시킬 수 있습니다.

셋째, 주인과 반려동물 간의 상호 작용입니다. 반려동물과 주인 간의 상호 작용은 반려동물의 행동과 반응을 이해하고 인식하는 데 중요합니다. 주인이 반려동물의 신호를 인식하고 이에 맞게 대응할 때, 반려동물은 안전하고 편안한 환경에서 더 행복하게 살 수 있습니다.

결론적으로, 반려동물의 언어와 의사소통은 주인과 반려동물 간의 유대감과 상호 작용을 증진시키기 위해 중요한 요소입니다. 비록 반려동물은 인간의 언어를 사용하지는 않지만, 시각적, 청각적, 행동적인 표현을 통해 우리에게 많은 정보를 전달하며 우리와 함께 생활하고 있습니다. 또한, 우리는 반려동물의 언어와 행동을 이해하고, 훈련과 연습을 통해 의사소통 능력을 향상시킬 수 있습니다. 더 나아가 고급 의사소통 기술의 발전은 반려동물과의 관계를 더욱 깊게 이해하고 연결하는 데 도움을 줄 것입니다.

제6절. 스트레스와 불안 관리

반려동물은 우리 일상에서 소중한 존재로 자리매김하고 있습니다. 그러나 반려동물도 우리 인간과 마찬가지로 스트레스와 불안과 같은 정서적 문제를 경험할 수 있으며, 이는 그들의 건강과 행복에 부정적인 영향을 미칠 수 있습니다. 이 절에서는 반려동물의 스트레스와 불안의 원인과 식별 방법, 그리고 스트레스와 불안을 완화하기 위한 방법과 전략을 살펴보겠습니다.

제1항. 스트레스와 불안의 원인

반려동물의 스트레스와 불안은 다양한 원인으로 발생할 수 있습니다. 주인의 일정 변화, 새로운 환경, 다른 동물이나 사람들과의 교류, 의료적인 문제 등이 그 원인으로 제시될 수 있습니다. 또한, 주인의 감정 변화나 가정 내의 긴장 상황도 반려동물에게 영향을 미칠 수 있습니다.

첫째, 환경 변화입니다. 새로운 환경이나 집안의 변화는 반려동물에게 스트레스를 유발할 수 있습니다.

둘째, 소리와 소란입니다. 시끄러운 환경, 폭음, 또는 불필요한 소리는 반려동물의 불안을 증가시킬 수 있습니다.

셋째, 사회화 부족입니다. 강아지 또는 고양이와 같은 사회적 동물은 혼자 있을 때 스트레스를 느낄 수 있습니다.

넷째, 건강 문제입니다. 건강 상태의 변화나 통증은 스트레스를 유발할 수 있습니다.

제2항. 스트레스와 불안의 신호 및 증상

스트레스와 불안을 겪고 있는 반려동물은 다양한 신호를 통해 그들의 상태를 알려 줍니다. 이러한 신호로는 행동 변화(먹거나 마시는 양의 변화, 활동량 변화), 신체적 변화(털의 상태, 피부 문제 등), 사회적 상호 작용의 변화(사람이나 다른 동물과의 상호 작용에서의 변화) 등이 포함됩니다.

첫째, 행동 변화입니다. 과도한 흥분, 무력감, 침울함, 무표정 등 반려동물의 행동 변화를 주의 깊게 관찰해야 합니다.

둘째, 신체 증상입니다. 구토, 설사, 털 덩어리, 긁기, 무리한 핥기 등의 신체적인 증상은 스트레스를 나타낼 수 있습니다.

셋째, 물리적 증상입니다. 고양이와 강아지 모두 털이 일어나거나 귀가 뒤집히는 것과 같이 물리적인 변화가 발생할 수 있습니다.

제3항. 스트레스와 불안 관리 방법

첫째, 예방을 위한 환경 조성입니다. 안정적인 환경을 제공하고 변화를 최소화해야 합니다. 반려동물에게 충분한 공간을 제공하고 정기적인 활동을 유도합니다.

둘째, 정기적인 운동과 활동입니다. 반려동물에게 충분한 운동 기회를 제공하여 스트레스를 해소합니다.

셋째, 정서적 지원입니다. 주인의 애정과 관심을 표현하고, 긍정적인 행동을 강화합니다. 필요하다면 전문가의 도움을 받아야 합니다.

넷째, 의료 상담입니다. 반려동물의 스트레스나 불안이 지속되면 수의사와 상담하여 의료적인 처리 방안을 검토해야 합니다.

제4항. 스트레스와 불안 예방 및 완화를 위한 제안

첫째, 안정적인 환경 제공입니다. 반려동물에게는 예측 가능하고 안정적인 환경을 제공하는 것이 중요합니다. 불필요한 변화를 최소화하고, 고요하고 편안한 장소를 마련하여 주면 스트레스를 줄일 수 있습니다.

둘째, 일관된 생활패턴 구축입니다. 일정한 생활패턴을 유지함으로써 반려동물은 예측 가능한 일상을 경험하게 됩니다. 정해진 시간에 먹이를 주거나 산책을 시키는 등의 반복되는 일상은 불안을 완화하는 데 도움이 됩니다.

셋째, 적절한 사회적 활동입니다. 사회적으로 활발한 반려동물은 다른 동물이나 사람들과의 교류를 통해 스트레스를 줄일 수 있습니다. 그러나 반대로 사회적으로 내성적인 동물의 경우 과도한 사회 활동은 오히려 스트레스를 유발할 수 있으므로 주의가 필요합니다.

넷째, 전문가와의 상담입니다. 만약 반려동물의 스트레스나 불안이 심각한 경우, 수의사나 동물 행동 전문가의 상담을 받는 것이 좋습니다.

결론적으로, 반려동물의 스트레스와 불안 관리는 그들의 행복과 건강을 위해 주인으로서 중요한 책임입니다. 이러한 문제를 식별하고 예방하기 위해 주인은 반려동물의 행동과 신체적인 변화를 주의 깊게 관찰해야 합니다. 정기적인 운동, 안정적인 환경 제공, 사랑과 관심을 통해 반려동물의 스트레스와 불안을 줄일 수 있으며, 필요한 경우 전문가의 조언을 구하는 것도 매우 중요합니다. 반려동물과 함께하는 행복한 삶을 위해 반려동물의 스트레스와 불안을 관리하는 노력은 그 가치가 있습니다.

제7절. 행동 훈련과 사회화

반려동물은 우리 삶에서 중요한 역할을 하며, 그들과 함께 지낼 때 우리의 삶을 더 풍요롭게 만들어 줍니다. 그러나 반려동물과 원활한 관계를 유지하려면 적절한 행동 훈련과 사회화가 필요합니다. 이러한 과정은 우리 인간과 반려동물 모두에게 긍정적인 영향을 미치며, 이 절에서는 반려동물의 행동 훈련과 사회화에 대한 중요성과 방법에 대해서 살펴보겠습니다.

제1항. 행동 훈련의 중요성

반려동물 행동 훈련은 동물의 건강과 안전뿐만 아니라 주인과의 원활한 소통을 위해 중요합니다. 훈련을 통해 반려동물은 기본적인 명령을 따르고 원하는 행동을 수행하는 방법을 배우며, 이는 동물과 주인 간의 긍정적인 관계를 형성하는 데 도움이 됩니다. 또한 훈련은 반려동물의 지적 자극과 정서적 안정감을 제공하여 스트레스와 불안을 줄이는 데 도움이 됩니다.

첫째, 안전성입니다. 행동 훈련은 반려동물의 안전을 보장하는 데 중요합니다. 훈련된 반려동물은 길거리에서, 공원에서, 심지어 집에서도 안전하게 행동하며 사고를 예방할 수 있습니다.

둘째, 좋은 관계 구축입니다. 훈련은 반려동물과 주인 간의 신뢰를 증진시키고, 더 긍정적인 관계를 형성하는 데 도움을 줍니다.

셋째, 스트레스 감소입니다. 훈련은 반려동물의 불안과 스트레스를 줄여 주며, 더 안정적이고 행복한 생활을 촉진합니다.

제2항. 행동 훈련의 기본 원칙

첫째, 긍정적인 강화입니다. 반려동물이 원하는 행동을 보였을 때 즉각적인 보상을 제공하여 원하는 행동을 강화합니다. 강화는 간식, 칭찬, 애정을 통해 이루어질 수 있습니다.

둘째, 일관성입니다. 훈련 중에 일관된 명령어와 신호를 사용하여 혼동을 방지하고 동물이 바르게 이해하도록 해야 합니다.

셋째, 짧은 세션입니다. 짧은 시간 동안 집중해서 훈련하는 것이 동물에게 효과적입니다. 지루해지거나 지치지 않도록 해야 합니다.

넷째, 초기 훈련 단계입니다. 기본적인 명령어부터 시작하여 점진적으로 복잡한 행동을 가르치는 것이 효과적입니다.

다섯째, 시간 투자입니다. 훈련에 충분한 시간과 노력을 투자해야 합니다. 훈련은 반복과 연습을 통해 이루어지므로 인내와 노력이 필요합니다.

제3항. 반려동물 사회화의 중요성

반려동물 사회화는 다양한 환경과 사람들에 적응하도록 하는 과정으로, 사회화가 잘 이루어진 동물은 새로운 상황에서도 안정감을 유지하며 더 긍정적인 경험을 할 수 있습니다. 또한 사회화는 동물 간 갈등을 예방하고 공공장소에서의 행동을 관리하는 데 도움이 됩니다.

첫째, 사회적 행동 개발입니다. 사회화는 반려동물이 다른 동물과, 인간과 원활하게 상호 작용할 수 있도록 도와줍니다. 이는 공공장소나 다른 반려동물과의 만남에서 유용합니다.

둘째, 스트레스 관리입니다. 사회화는 반려동물이 다양한 환경과 상황에 적응하고, 스트레스를 관리할 수 있도록 돕습니다.

셋째, 폭력 예방입니다. 사회화를 통해 반려동물은 다른 동물과 갈등을 방지하고, 더 평화로운 환경에서 생활할 수 있게 됩니다.

제4항. 반려동물 사회화 방법

첫째, 점진적 노출입니다. 반려동물을 다양한 사회적 상황에 점진적으로 노출시켜 사회화를 강화하는 것이 좋습니다. 이렇게 하면 반려동물이 새로운 환경에 적응할 수 있습니다.

둘째, 긍정적인 경험 제공입니다. 다른 동물과의 만남을 긍정적인 경험으로 만들어 주어야 합니다. 이렇게 하면 반려동물이 다른 동물에 대한 긍정적인 연관성을 형성할 수 있습니다.

제5항. 효과적인 사회화를 위한 제안

첫째, 일찍 시작하는 것입니다. 반려동물이 어릴 때부터 다양한 사람들과 동물들과의 접촉을 늘려 줍니다.

둘째, 긍정적인 경험 제공입니다. 새로운 환경이나 상황에서도 간식이나 칭찬과 같은 긍정적인 경험을 제공하여 반려동물이 새로운 것을 두려워하지 않도록 도와줍니다.

셋째, 사회화 클래스입니다. 전문가가 주도하는 사회화 클래스에 참여하여 반려동물이 다른 동물들과 상호 작용하고 적절한 행동을 배울 수 있도록 기회를 제공해 주어야 합니다.

결론적으로, 반려동물의 행동 훈련과 사회화는 우리와 반려동물 모두에게 이점을 제공하는 중요한 과정입니다. 적절한 행동 훈련과 사회화를 통해 우리는 안전하고 행복한 관계를 형성하고, 반려동물의 삶을 더 풍요롭게 만들 수 있습니다. 주인의 인내와 애정, 전문가의 도움을 통해 반려동물의 긍정적인 행동 훈련과 사회화를 지속적으로 추구하는 것이 바람직합니다. 이러한 과정을 통해 반려동물은 안전하게 살 수 있을 뿐만 아니라 주인과 더 깊은 유대감을 형성하여 품질 높은 생활을 누릴 수 있을 것 입니다.

반려동물 문화와 사회

제1절. 반려동물 관련 트렌드와 패션

반려동물은 우리의 가족 구성원으로서 점점 더 중요한 역할을 하고 있으며, 이에 따라 반려동물 관련 산업이 빠르게 성장하면서 트렌드와 패션도 큰 변화를 겪고 있습니다. 이 절에서는 2023년 현재의 주요 반려동물 관련 트렌드와 패션에 대해 살펴보고, 이러한 트렌드가 어떻게 우리의 문화와 소비 습관에 영향을 미치는지를 분석해 보겠습니다.

제1항. 반려동물 산업의 성장

최근 몇 년 동안 반려동물과의 근접성이 증가하고 있습니다. 사람들은 더 많은 시간을 반려동물과 함께 보내고, 이를 통해 강한 유대감을 형성하고 있습니다. 이러한 근접성 증가는 반려동물의 생활에 대한 관심을 증가시키고, 이에 따라 반려동물용 제품과 서비스에 대한 수요가 증가하고 있습니다. 이에 따라 반려동물 산업은 지속적으로 성장하고 있으며, 다양한 제품과 서비스가 개발되고 있습니다. 이 중 일부는 다음과 같습니다.

첫째, 건강 관리 제품입니다. 반려동물의 건강을 돌보는 제품과 서비스가 급증하고 있습니다. 예를 들어, 건강한 간식, 영양 보충제, 반려동물 보험 등이 이에 포함됩니다.

둘째, 스마트 기기입니다. 스마트 반려동물 추적기와 웨어러블 기기는 주인들에게 그들의 반려동물을 관리하고 모니터링하는 데 도움을 줍니다.

셋째, 반려동물 피트니스입니다. 반려동물과 함께 운동하는 것이 인기를 끌고 있으며, 이에 따라 반려동물 피트니스 시설과 운동 의류가 개발되고 있습니다.

제2항. 반려동물 관련 트렌드

첫째, 유기 동물 입양과 관련한 트렌드입니다. 환경 보호와 동물 복지 의식이 높아지면서 유기 동물 입양이 늘어나고 있습니다. 이에 따라 입양을 통한 동물 보호 활동이 증가하고, 입양 동물을 위한 제품과 서비스도 확대되고 있습니다.

둘째, 건강과 헬스 관련 트렌드입니다. 반려동물의 건강과 행복에 대한 관심이 높아지면서 자연식품, 건강 보조제, 피트니스 용품 등이 인기를 끌고 있습니다. 반려동물의 건강을 위한 특별한 식단과 운동 계획이 주인들 사이에서 흔한 관심사가 되고 있습니다.

셋째, 가치 관련 트렌드입니다. 반려동물을 통해 소통하고, 위로받고, 즐거움을 찾는 경향이 높아지면서 반려동물과 함께하는 체험과 감정적인 연결이 강조되고 있습니다. 이러한 가치에 기반한 제품과 서비스가 다양하게 출시되고 있습니다.

제3항. 반려동물 패션의 부상

반려동물 패션은 큰 관심을 받고 있으며, 반려동물 소유자들은 자신의 반려동물을 멋지게 차려 입히고 있습니다. 이러한 패션에는 다음과 같은 요소들이 포함됩니다.

첫째, 반려동물 의류와 액세서리입니다. 주인들은 반려동물에게 의류와 액세서리를 입히는 것을 즐기며, 이는 단순한 기능성을 넘어 패션 요소로서의 중요성을 띠게 되었습니다. 맞춤형 의류와 액세서리 시장이 성장하면서 다양한 스타일과 디자인이 제공되고 있습니다. 이러한 제품들은 크기와 스타일에 맞게 디자인되어 있으며, 주인과 반려동물의 패션이 조화롭게 어울릴 수 있도록 고안되고 있습니다.

둘째, 안전과 편의성입니다. 패션뿐만 아니라 반려동물의 안전과 편의성을 고려한 제품들도 인기를 얻고 있습니다. 예를 들어, 안전한 하네스(harness), 반사 소재로 만들어진 도보용 액세서리, 건강과 편의성을 고려한 급식기 등이 있습니다.

셋째, 맞춤형 제품과 서비스입니다. 반려동물 관련 패션은 주인과 반려동물 간의 특별한 관계를 반영하기 위해 맞춤형 제품과 서비스에 집중하고 있습니다. 예를 들어, 반려동물의 사진을 넣은 액세서리나 이름을 새긴 제품 등이 인기를 끌고 있습니다. 반려동물 소유자들은 종종 자신의 반려동물에 맞게 제품을 커스터마이징(customizing)하는 옵션을 찾습니다. 이를 통해 개별적인 스타일과 선호도를 반영할 수 있습니다.

넷째, 지속 가능성과 윤리입니다. 환경 보호와 윤리적인 소비가 강조되면서 반려동물 관련 패션도 지속 가능한 소재와 생산 방식에 주목하고 있습니다. 친환경적인 소재 사용과 동물 복지를 고려한 제품들이 늘어나고 있습니다.

제4항. 반려동물 패션 트렌드

반려동물 패션은 반려동물 주인들 사이에서 큰 인기를 끌고 있으며, 이러한 트렌드는 계속해서 진화하고 있습니다.

첫째, 맞춤형 의류 및 액세서리입니다. 반려동물에게 맞춤형 의류를 제공하는 것이 유행하고 있으며, 주인과 반려동물의 의류를 맞추어 입는 것이 유행입니다. 또한, 반려동물 주인들은 반려동물을 위한 맞춤형 액세서리를 찾으며, 디자이너 칼라와 목걸이, 간식 주머니 등이 매우 인기가 있습니다.

둘째, 환경 친화적인 반려동물 패션입니다. 지속 가능성과 환경 친화성은 현재의 패션 트렌드 중 하나로 부상하고 있습니다. 이 개념은 반려동물 패션에도 영향을 미치고 있으며, 친환경 재료로 만든 제품 및 패션 액세서리의 수요가 늘어나고 있습니다.

셋째, 사회적 영향입니다. 반려동물 패션 트렌드는 사회적 영향을 미치고 있습니다. 유기견 입양 캠페인, 반려동물의 복지 및 보호에 대한 인식 제고, 동물 복지 단체와의 협력 등이 이에 해당합니다. 반려동물 패션은 종종 이러한 노력들을 지원하고 홍보하는 데 활용됩니다.

결론적으로, 반려동물 관련 트렌드와 패션은 지속적으로 변화하고 발전할 것으로 예상됩니다. 기술의 발전으로 가상 현실을 활용한 반려동물 관련 체험, 스마트한 반려동물 관리 제품, 건강 모니터링 시스템 등이 더욱 중요해질 것으로 전망됩니다. 또한, 다양한 문화와 스타일이 융합되면서 글로벌한 반려동물 패션 트렌드도 더욱 다양해질 것으로 예상됩니다. 또한, 지속 가능성과 환경 친화성은 더욱 중요해지고 있으며, 앞으로의 반려동물 패션 트렌드에서도 중요한 역할을 할 것으로 예상됩니다.

제2절. 반려동물 입양과 유기 문제

반려동물은 우리 사회에서 중요한 역할을 하며, 우리 생활에 큰 기쁨과 위안을 주는 동반자로서, 많은 사람들에게 소중한 가족 구성원으로 자리매김하고 있습니다. 그러나 반려동물 입양과 유기 문제는 많은 사회적 이슈와 고민을 초래하고 있습니다. 이 보고서는 반려동물 입양과 유기 문제에 대해 종합적으로 분석하고, 이에 대한 인식과 조치가 어떻게 개선될 수 있는지에 대해 살펴보겠습니다.

제1항. 반려동물 입양

첫째, 입양 문제의 현황입니다. 반려동물 입양은 동물 복지와 사회적 책임의 관점에서 중요한 과제입니다. 현재 반려동물 산업은 급속하게 성장하면서 입양과 관련된 문제들도 증가하고 있습니다. 무분별한 번식, 불법 사육장, 유행하는 종의 선호 등이 이에 영향을 미치고 있습니다.

둘째, 입양의 중요성입니다. 반려동물 입양은 동물 보호와 복지 측면에서 중요한 역할을 합니다. 동물 보호 시설에서 입양을 통해 새로운 가정을 찾는 반려동물은 어려운 처지에서 벗어날 기회를 얻습니다. 입양은 동물 보호소에서 유기 동물들에게 두 번째 기회를 제공하는 것이며, 자연환경에 돌아가지 못하는 동물들에게 안전한 가정을 제공하는 것이기도 합니다. 또한 입양을 통해 반려동물을 키우는 가정은 동물에 대한 사랑과 책임감을 가질 수 있으며 사회적인 부문에서도 긍정적인 영향을 미칠 수 있습니다.

셋째, 입양 절차 개선입니다. 입양 절차를 간소화하고 투명하게 만들어야 합니다. 반려동물 입양 절차는 각 지역마다 다를 수 있으나, 일반적으로는 보호소나 동물 보호 단체에서 반려동물을 입양하려는 사람들에게 다음과 같은 절차가 적용됩니다.

1. 신청서 제출
2. 면접
3. 홈 체크
4. 입양 수수료 지불
5. 기본 예방 접종 및 중성화/중성화 수술

넷째, 입양 캠페인입니다. 입양을 장려하는 캠페인과 교육 프로그램을 확대해야 합니다. 사람들에게 입양이 어떤 의미를 가지며 어떤 책임을 지는 것인지에 대한 인식을 높여야 합니다.

제2항. 유기 동물 문제

첫째, 유기 동물 문제의 현황입니다. 유기 동물 문제는 책임 없는 반려동물 소유자들로 인해 급증하고 있습니다. 유기된 동물들은 건강 문제, 사회화 부족, 보호소의 과잉 포화 등으로 인해 고통을 겪는 경우가 많습니다. 이는 동물 복지 문제로 이어질 수 있습니다.

둘째, 유기 동물이 발생하는 이유입니다. 동물의 유기는 다양한 이유로 발생합니다. 주요 원인은 주인의 경제적 어려움, 동물의 건강 문제, 입양 후 책임을 다하지 않음, 동물 학대 등이 있습니다. 이러한 이유로 많은 동물들이 버려지고 고통을 겪게 됩니다. 또한, 유기 동물 문제는 책임 있는 반려동물 양육과 중성화 문제와 관련이 있습니다. 반려동물 중성화 캠페인과 프로그램을 확대하여 무분별한 번식을 억제해야 합니다.

셋째, 유기 동물 문제의 사회적 영향입니다. 유기 동물 문제는 사회적 비용과 동물 복지에 부정적인 영향을 미칩니다. 보호소와 유기 동물 관리에는 상당한 자원이 필요하며, 유기 동물로 인한 도로 교통 사고나 동물 교차 감염 등의 문제도 발생할 수 있습니다.

제3항. 개선 방안 및 대책 제안

첫째, 인식 개선입니다. 반려동물 입양과 유기 문제를 해결하기 위해서는 사회적 인식 개선이 필요합니다. 미디어, 교육, 캠페인 등을 통해 동물에 대한 책임과 동물 복지의 중요성을 강조하는 활동이 필요합니다.

둘째, 교육 및 정보 제공입니다. 반려동물 입양 전 적절한 교육과 정보 제공이 필요합니다. 잠재적인 입양자들에게 반려동물의 책임과 돌봄에 대한 지식을 제공하여 반려동물 입양의 중요성을 강조해야 합니다.

셋째, 입양 촉진입니다. 입양을 촉진하기 위해서는 입양 절차의 간소화와 입양 보조금 등의 정책적 지원이 필요합니다. 또한 동물 보호 단체와 협력하여 입양 이벤트를 개최하고, 입양을 고려하는 가정들에게 정보를 제공하는 노력이 필요합니다.

넷째, 입양 절차 강화입니다. 입양 절차를 강화하여 무분별한 입양을 방지해야 합니다. 입양자의 신원 확인, 동물 복지에 대한 이해도 검증, 입양 후의 적절한 관리 계획 등을 검토하는 절차를 강화하면 책임 있는 입양이 이뤄질 가능성이 높아집니다.

다섯째, 중성화 촉진입니다. 중성화는 무분별한 번식과 유기 동물 문제를 완화시키는 중요한 요소입니다. 정부와 비영리 단체가 중성화 캠페인을 강화하고, 경제적 부담을 줄이는 정책을 도입하여 중성화를 촉진해야 합니다.

여섯째, 보호소 지원 강화입니다. 유기 동물을 보호하고 관리하는 보호소의 역할이 중요합니다. 정부와 지역 사회는 보호소에 대한 지원을 강화하고, 입양 캠페인과 입양 장려 프로그램을 개선하여 보호소의 노력을 지원해야 합니다.

일곱째, 동물 보호 법률 강화입니다. 유기 동물 문제를 해결하기 위해서는 동물 보호 법률을 강화하고, 동물 학대에 대한 엄중한 처벌을 시행하는 것이 중요합니다. 또한 반려동물의 중성화를 촉진하는 정책도 필요합니다.

결론적으로, 반려동물 입양과 유기 문제는 사회적, 도덕적 책임을 필요로 합니다.

반려동물 입양과 유기 문제는 사회적으로 중요한 문제이며, 이를 해결하기 위해서는 인식 개선, 입양 촉진, 동물 보호 법률 강화 등 다양한 노력이 필요합니다. 이러한 문제들은 오랜 기간에 걸쳐 해결되어야 할 과제입니다. 교육, 입양 절차 강화, 중성화 촉진, 보호소 지원 강화 등의 종합적인 노력이 필요하며, 이러한 노력들이 결합하여 모두가 안전하고 행복한 환경에서 함께 공존할 수 있는 사회를 만들기 위해 노력해야 합니다.

제3절. 도시 생활 속의 반려동물

현대 사회에서 도시화는 더 많은 사람들이 도시로 이동하고 도시에서 생활하게 되는 추세를 가지고 있습니다. 이로 인해 도시 생활의 다양한 측면에서 변화가 일어나고 있는데, 그중 하나는 반려동물과의 관계입니다. 도시에서의 생활은 많은 사람들에게 혼잡하고 스트레스가 가득한 것처럼 보일 수 있습니다. 그러나 이러한 도시 환경에서 반려동물을 키우는 것은 많은 이점을 제공할 수 있습니다. 이 절에서는 도시 생활 속에서 반려동물을 키우는 이점과 함께 관련된 주요 이슈와 대처 방법에 대해 논의하겠습니다.

제1항. 도시 생활과 반려동물

첫째, 도시 생활과 반려동물과의 공생 가능성입니다. 도시 생활은 주변에 다양한 시설과 서비스를 제공해 편리성을 높여 주지만, 한편으로는 반려동물과의 적합성을 고민할 수 있는 요소들도 존재합니다. 작은 공간에서의 생활, 주변 환경 소음 등이 반려동물의 행복과 건강에 영향을 미칠 수 있습니다. 하지만 적절한 훈련과 관리를 통해 이러한 어려움을 극복할 수 있습니다.

둘째, 반려동물과 도시 사회의 상호 작용입니다. 반려동물은 도시 사회에서 사람들 간의 소통과 연결을 촉진하는 역할을 하기도 합니다. 공원이나 반려동물 카페 등에서 주인과 반려동물을 통한 상호 작용은 이웃 간의 교류를 증진시키고 사회적인 결속력을 강화할 수 있습니다.

셋째, 도시 생활에서 반려동물이 주는 이점입니다. 도시 생활 속에서 반려동물은 다양한 측면에서 중요한 역할을 합니다.

가. 스트레스 감소입니다. 도시에서의 생활은 종종 스트레스와 불안을 유발할 수 있습니다. 그러나 반려동물과 함께 시간을 보내는 것은 스트레스를 감소시키고 심리적 안정감을 제공할 수 있습니다.

나. 운동과 활동 증가입니다. 반려동물과 산책하거나 뛰어놀면, 주인들은 더 많은 운동과 활동을 즐길 수 있습니다. 이는 건강에 긍정적인 영향을 미치며 도시 생활에서 신체적 활동을 장려합니다.

다. 사회적 관계 증진입니다. 반려동물은 다른 반려동물 주인들과의 소통을 촉진하며 동네 사회에 더욱 통합될 수 있도록 도와줍니다. 공원이나 반려동물 카페에서 다른 반려동물 주인들과 친구를 사귈 수 있습니다.

제2항. 도시 생활 속에서 반려동물을 키우는 방법과 고려 사항

첫째, 적절한 종 선택입니다. 주거 환경에 맞는 크기와 성격의 반려동물을 선택해야 합니다. 아파트에서는 아파트의 크기를 고려하여 적당한 크기의 반려동물이 더 적합할 수 있습니다.

둘째, 훈련과 사회화입니다. 반려동물을 키우는 동안 훈련과 사회화 과정을 진행해야 합니다. 이는 반려동물이 도시 생활을 쾌적하게 즐길 수 있도록 도와줍니다.

셋째, 도시에서의 반려동물 관리는 몇 가지 고려 사항을 포함해야 합니다.

가. 주거 환경입니다. 반려동물 친화적인 주거 공간을 선택해야 합니다. 고층 아파트에서는 소형견이나 고양이가 더 적합할 수 있습니다.
나. 산책과 운동입니다. 도시에서는 충분한 산책과 운동 기회를 제공해야 합니다. 도시 공원이나 반려동물 카페 등을 활용할 수 있습니다.

넷째, 소음과 주변 문제입니다. 도시에서의 생활은 소음과 다른 주변 문제로 인해 반려동물에게 영향을 미칠 수 있습니다. 이에 대비하기 위해 훈련과 사회화가 필요합니다.

다섯째, 도시 법규 및 규제입니다. 도시는 반려동물에 대한 법규와 규제를 가지고 있을 수 있으며, 이를 준수해야 합니다. 반려동물 등록, 예방 접종, 미끼 동물 관련 법규 등을 숙지해야 합니다. 또한, 도시 공공장소에서 반려동물을 데리고 갈 때에는 해당 지역의 규정을 숙지해야 합니다.

제3항. 도시 인프라와 반려동물 관련 시설 확충

첫째, 최근에는 도시에서 반려동물을 위한 다양한 시설과 서비스가 늘어나고 있습니다. 반려동물 호텔, 반려동물 미용실, 수의사 병원 등이 그

예입니다. 이러한 시설들은 반려동물 주인들에게 더 나은 돌봄과 관리의 기회를 제공하며, 동시에 도시의 경제적 생태계에도 긍정적인 영향을 미칠 수 있습니다.

둘째, 도시 생활 속에서의 반려동물은 새로운 문제와 과제도 함께 가져오고 있습니다. 유기 동물 문제, 동물 복지 문제, 도시 내 동물 간 충돌 등이 그 예입니다. 이러한 문제들을 해결하기 위해서는 법률과 규제의 개선, 교육과 정보 제공의 강화가 필요합니다.

결론적으로, 도시 생활 속에서 반려동물을 키우는 것은 많은 이점을 제공하기도 하지만, 주거 환경, 소음, 법규 등과 같은 주요 문제에 대비하는 것도 중요합니다. 올바른 종 선택, 훈련, 건강 관리를 통해 반려동물과 함께 행복한 도시 생활을 누릴 수 있을 것입니다. 이러한 지침을 따르면 도시 생활 속에서 행복하고 건강한 반려동물과 함께하는 즐거움을 더욱 향상시킬 수 있을 것입니다. 또한, 반려동물과 함께하는 경험은 도시 생활의 스트레스를 줄이고 보다 풍요로운 삶을 즐길 수 있도록 도와줄 것입니다.

제4절. 반려동물과의 야외 활동과 여행

반려동물은 우리 삶에 큰 기쁨과 만족감을 주는 특별한 존재입니다. 그들과 함께하는 야외 활동과 여행은 더욱 특별한 순간을 만들어 주며, 최근 몇 년간 반려동물과 함께하는 활동과 여행은 많은 사람들 사이에서 인기를 얻고 있는 트렌드입니다. 이러한 야외 활동과 여행은 반려동물과의 유대감을 증진시키는 데 도움을 주며, 더 건강하고 행복한 삶을 즐기기 위한 좋은 방법으로 주목받고 있습니다. 이 절에서는 반려동물과 함께하는 야외 활동과 여행의 중요성, 준비 사항, 그리고 안전을 유지하기 위한 조언에 대해 논의하겠습니다.

제1항. 야외 활동과 여행의 중요성

첫째, 신체적 활동 촉진입니다. 반려동물과 함께 야외에서 활동하는 것은 우리와 반려동물 모두에게 신체적인 건강을 촉진시켜 줍니다. 산책, 등산, 자전거 타기 등의 활동을 통해 우리는 더 많은 운동을 하게 되며, 반려동물도 활기찬 에너지를 소모할 수 있습니다.

둘째, 정서적 안정감입니다. 야외에서의 경험은 반려동물에게 정서적 안정감을 줄 수 있습니다. 야외에서 자연을 즐기며 활동하면 스트레스를 효과적으로 해소할 수 있습니다. 풍경을 감상하고 새로운 장소를 탐험하는 과정에서 긍정적인 감정과 행복감을 느낄 수 있습니다. 또한, 반려동물과 함께하는 시간은 우리에게 위로와 안정감을 줄 수 있습니다.

셋째, 유대감 강화입니다. 야외 활동은 주인과 반려동물 간의 유대감을 강화하는 데 중요한 역할을 합니다. 함께 보내는 시간은 상호 이해와 믿음을 증진시키며 더 깊은 유대감을 형성합니다.

제2항. 야외 활동 및 여행 준비 사항

첫째, 건강 검진입니다. 반려동물을 여행 또는 야외 활동에 데리고 가기 전에 반드시 수의사의 건강 검진을 받아야 합니다. 백신 접종 여부와 건강 상태를 확인하여 안전을 보장하여야 합니다.

둘째, 여행 준비물 확인입니다. 반려동물의 사료, 물, 의약품 등을 충분히 준비하고 여행하는 장소에 따라 적절한 보호 장비도 함께 챙겨야 합니다. 이에는 케이지(cage), 음식과 물, 그리고 필요한 액세서리가 포함됩니다.

셋째, 법규 및 규정 준수입니다. 반려동물과 함께 여행할 때는 관련 법규를 준수해야 합니다. 미리 조사하여 반려동물과 함께 입장이 허용되는 장소를 확인하여야 합니다.

제3항. 반려동물 여행의 안전을 위한 조언

첫째, 목줄과 목줄에 연결된 태그(tag)입니다. 반려동물을 목줄에 연결하고 목줄에 식별 태그를 부착하여야 합니다. 이는 분실 시 찾기 쉽게 도와줍니다.

둘째, 식사와 수분 제공입니다. 여행 중에도 규칙적인 식사와 충분한 수분을 제공해 주어야 합니다. 반려동물의 건강을 유지하기 위해 중요합니다.

셋째, 응급 상황 대비입니다. 응급 상황에 대비하여 반려동물의 의료 기록과 긴급 연락처를 준비해 두어야 합니다.

결론적으로, 반려동물과 함께하는 야외 활동과 여행은 우리의 삶을 더욱 풍요롭게 만들어 주는 소중한 경험입니다. 이를 통해 우리는 우리의 동물 친구들과 더 깊은 유대감을 형성하며, 새로운 장소와 환경을 탐험하며 즐거움을 느낄 수 있습니다. 적절한 사전 준비와 안전 조치를 취하면, 이러한 활동은 기쁨과 추억으로 가득한 특별한 순간으로 기억에 남을 수 있을 것입니다. 따라서 반려동물과 함께 야외 활동이나 여행을 계획하고 즐기면서, 함께 보낼 수 있는 소중한 시간을 만들어 나가야 합니다.

제5절. 반려동물과의 공공장소에서의 예절과 안전

요즘은 많은 사람들이 반려동물과 함께 공공장소에서 활동하는 경우가 늘어나고 있습니다. 이러한 변화는 반려동물과 주인 사이의 더 가까운 유대감을 형성하고, 반려동물의 건강과 행복을 증진시킬 수 있습니다. 하지만 공공장소에서 반려동물과 함께할 때는 다른 사람들의 편의와 안전을 우선적으로 고려해야 합니다. 이 절에서는 반려동물과 함께하는 공공장소에서의 예절과 안전에 대해 논의하겠습니다.

제1항. 공공장소에서의 사회적 책임의 중요성

반려동물을 키우는 것은 큰 책임입니다. 공공장소에서 다른 사람들과 반려동물을 공존시키기 위해서는 다음과 같은 사회적 책임을 이행해야 합니다.

첫째, 반려동물 훈련입니다. 반려동물을 훈련하여 기본적인 명령을 숙지시키고, 사람과 다른 동물에 대한 예의를 가르쳐야 합니다. 특히 "앉아", "기다려", "그만"과 같은 명령어는 반려동물의 행동을 통제하는 데 도움이 됩니다.

둘째, 반려동물의 사회화입니다. 반려동물을 다양한 환경과 다른 동물, 사람들과 만나게 하는 것은 중요합니다. 이렇게 하면 반려동물이 새로운 상황에 적응할 수 있게 되며 다른 동물과 사람들과의 상호 작용도 더 원활해집니다.

셋째, 하네스(harness)와 목줄 등 안전 도구 사용입니다. 공공장소에서는 모든 반려동물은 목줄과 줄에 연결해야 합니다. 특히, 중대형견이나 맹견은 하네스, 안전벨트 등 안전 도구를 추가적으로 사용하는 것이 권장됩니다. 이는 공공장소에서 반려동물의 이동을 통제하고 다른 사람들, 또는 동물과의 충돌을 방지하는 데 도움이 됩니다.

넷째, 배설물 처리입니다. 공공장소에서의 배설물 처리는 필수입니다. 휴지와 배설물 봉투를 준비하여, 반려동물이 배설물을 떨어뜨린 경우, 반드시 즉시 정리해야 합니다. 배설물을 방치하지 않도록 주의해야 합니다.

제2항. 공공장소에서의 예절과 안전 지침

반려동물과 함께하는 공공장소에서의 안전은 우리와 다른 이용자들에게 중요한 사항입니다. 아래는 반려동물과 함께할 때 안전을 유지하기 위한 몇 가지 지침입니다.

첫째, 백신 및 건강 관리입니다. 반려동물을 공공장소로 데려갈 때에는 반드시 모든 필수 백신을 완료하고 건강 상태를 확인하여야 합니다. 예방접종과 건강 검진을 통해 반려동물의 건강 상태를 관리하고, 다른 동물들에게 감염을 퍼뜨리지 않도록 주의해야 합니다.

둘째, 약물 통제입니다. 반려동물의 행동을 통제하기 위해 의사 소견에 따라 약물을 투여하는 것이 필요한 경우, 반려동물에게 정확한 용량과 시간을 지켜 주어야 합니다.

셋째, 다른 동물과의 상호 작용입니다. 다른 동물과의 불필요한 접촉을 피하도록 노력해야 합니다. 다른 반려동물과의 만남은 언제나 예의를 갖추고 조심스럽게 이뤄져야 합니다.

넷째, 사람과 동물에 대한 존중입니다. 다른 사람들과 반려동물을 접근하는 데에 예의를 갖추고, 다른 동물과의 만남에서도 안전한 거리를 유지하여야 합니다.

다섯째, 예기치 못한 상황 대비입니다. 반려동물이 예기치 못한 상황에서 탈주하지 않도록 주의하여야 합니다. 반려동물의 목줄이나 하네스를 루프에 올바르게 연결하고, 반려동물을 시선에서 멀리하지 않도록 주의하여야 합니다.

결론적으로, 반려동물과의 공공장소에서의 예절과 안전은 모두에게 책임이 있는 문제입니다. 책임 있는 반려동물 주인으로서 우리는 우리의 반려동물과 주변 환경을 존중하며 즐겁고 안전한 활동을 할 수 있는 기회를 제공해야 합니다. 우리의 행동이 다른 사람들과 다른 동물들에게 어떤 영향을 미칠 수 있는지 고려하고, 공공장소에서의 사회적 책임을 다하며 안전을 유지하는 것이 중요합니다. 이러한 원칙을 준수함으로써 우리는 반려동물과 함께하는 즐거운 공공 공간을 만들 수 있을 것이며, 공공장소에서 우리의 반려동물과 함께하는 시간이 더 즐거워질 뿐 아니라 공공장소에서의 사회적 상호 작용도 더 풍요로워질 것입니다.

제6절. 반려동물과의 놀이와 반려동물 카페 문화

반려동물은 우리 삶에 큰 영향을 미치고 있으며, 이들과의 놀이와 교감은 많은 사람들에게 큰 즐거움을 주고 있습니다. 또한, 최근 몇 년 동안 반려동물 카페가 늘어나면서 반려동물과 함께하는 다양한 활동을 즐길 수 있는 장소로서 큰 인기를 끌고 있습니다. 반려동물 카페는 동물과의 상호작용을 즐길 수 있는 특별한 장소로, 이러한 문화는 현대 사회에서 더욱 중요한 역할을 하고 있습니다. 이 절에서는 이러한 반려동물과의 놀이와 반려동물 카페 문화에 대해 더 자세히 알아보겠습니다.

제1항. 반려동물과의 놀이의 중요성

첫째, 반려동물과의 상호 작용입니다. 반려동물과의 놀이는 우리 반려동물의 건강에 도움이 됩니다. 특히 강아지나 고양이와의 놀이는 그들의 신체 활동을 촉진하고, 비만을 예방하며, 스트레스를 해소하는 데 도움이 됩니다.

둘째, 강화된 유대감입니다. 놀이는 반려동물과 주인 간의 유대감을 더욱 강화시킵니다. 함께 시간을 보내는 것은 서로에 대한 이해와 신뢰를 증진시키며, 더 깊은 관계를 형성하는 데 도움이 됩니다.

셋째, 학습과 훈련입니다. 놀이는 반려동물의 학습과 훈련에도 중요한 역할을 합니다. 놀이를 통해 명령을 따르고 새로운 기술을 습득하는 것을 재미있게 배울 수 있으며, 이는 보다 잘 조절된 반려동물을 양육하는 데 도움이 됩니다.

넷째, 육체적 건강 향상입니다. 반려동물과의 활동은 운동량을 늘리고, 비만 예방에 도움을 줍니다. 산책, 뛰기, 던지기 등의 놀이는 주인과 반려동물 모두에게 이점을 제공합니다.

제2항. 반려동물 카페 문화

첫째, 반려동물 카페의 역할입니다. 반려동물 카페는 반려동물과 함께 특별한 시간을 보낼 수 있는 장소로서 전 세계적으로 인기를 얻고 있습니다. 이러한 카페는 동물과 교류할 수 있는 기회를 제공하여 동물 애호가들에게 큰 인기를 끌고 있습니다. 반려동물 카페는 동물을 좋아하는 사람들을 위한 소통의 장소로서 기능합니다.

이는 반려동물을 키우기 어려운 사람들에게도 잠시나마 동물과의 교감을 누릴 수 있는 기회를 제공하기도 합니다.

둘째, 반려동물과의 사회적 활동입니다. 반려동물 카페는 사람들에게 반려동물과의 사회적 활동을 즐길 수 있는 공간을 제공합니다. 이러한 장소에서 반려동물과 다른 반려동물을 만나며, 새로운 친구를 사귈 수 있습니다.

셋째, 안전한 환경 제공입니다. 반려동물 카페는 반려동물의 안전을 고려한 환경을 제공합니다. 음식과 음료를 즐기면서 반려동물과 놀 수 있으며, 카페 운영자들은 청결과 위생에 신경을 씁니다.

넷째, 문화와 교육입니다. 반려동물 카페는 반려동물 관련 정보와 교육을 제공하는 장소로서 기능하기도 합니다. 워크샵, 강연, 특별 행사 등을 통해 반려동물의 건강, 행동, 훈련에 대한 정보를 공유하며 반려동물을 키우는 데 도움을 줍니다.

다섯째, 사회·경제적 영향입니다. 반려동물 카페는 동물 복지 단체와 협력하여 유기 동물 문제에 대한 인식을 높이는 데 기여하고 있습니다. 이러한 카페는 지역 경제에도 긍정적인 영향을 미치며, 일자리 창출에도 도움이 되고 있습니다.

제3항. 반려동물 카페 문화의 사회적 영향

반려동물 카페 문화는 사회적으로 긍정적인 영향을 미치고 있습니다. 첫째, 동물을 키우는 문화를 활성화시키고 동물 복지에 대한 관심을 높이는 역할을 하고 잇습니다. 둘째, 혼란스러운 일상에서 힐링과 휴식을 얻을 수 있는 공간으로 인정받고 있습니다. 또한, 사람들은 이러한 장소에서 동물과 함께 즐거운 시간을 보내며 스트레스 해소에도 도움을 얻을 수 있습니다.

결론적으로, 반려동물과의 놀이와 반려동물 카페 문화는 우리 사회에서 중요한 역할을 하고 있습니다. 이러한 문화는 주인과 반려동물 간의 더 깊은 연결을 형성하고, 동물 복지를 높이며, 지역 사회에 긍정적인 영향을 미치는 데 기여하고 있습니다. 따라서 우리는 이러한 문화를 지원하고 활성화시키는 것이 중요하며, 반려동물과 함께하는 더 나은 미래를 위한 중요한 요소 중 하나라고 볼 수 있습니다.

이를 통해 우리는 서로를 이해하고 존중하는 마음을 키우며, 더 나은 사회와 더 행복한 생활을 추구할 수 있습니다. 이러한 문화가 미래에도 더욱 발전하여 동물의 복지와 사람들의 행복을 동시에 실현시킬 수 있기를 기대합니다.

반려동물 관리와 윤리

제1절. 윤리적인 반려동물 관리의 중요성

반려동물은 우리 생활 속에서 가족 구성원처럼 소중한 존재로 자리 잡고 있습니다. 그들은 우리에게 무조건적인 사랑과 위로를 주고 있으며, 이로 인해 우리의 책임과 의무 역시 크게 증가하였습니다. 이에 반려동물 관리의 중요성은 그 어느 때보다 더 높아진 상황입니다. 이 책임을 다하는 것이 반려동물 관리의 윤리적인 측면입니다. 이 절에서는 윤리적인 반려동물 관리의 중요성에 대해 논의하고, 우리가 반려동물을 적절하게 관리함으로써 우리 자신과 사회에 어떤 긍정적인 영향을 미칠 수 있는지 살펴보겠습니다.

첫째, 동물 복지와 책임입니다. 윤리적인 반려동물 관리의 첫 번째 측면은 동물 복지입니다. 반려동물은 우리에게 의지하며 살아가는 존재입니다. 따라서 그들의 기본적인 필요를 충족시키는 것은 우리의 의무입니다. 이러한 필요에는 적절한 음식과 물, 적절한 건강 관리, 정기적인 운동, 사회적 상호 작용 및 정서적 지원이 포함됩니다. 이러한 요구 사항을 충족시키지 않으면 반려동물의 행복과 건강이 위협받을 수 있습니다.

둘째, 인류 사회와의 상호 작용입니다. 반려동물은 우리와 함께 살아가며 우리의 생활에 녹아들어 있습니다. 따라서 반려동물의 행동과 안전은 우리 사회의 일부로서 중요합니다. 반려동물의 훈련과 행동 관리는 다른 사람과의 상호 작용에서 중요한 역할을 합니다. 잘 훈련된 반려동물은 공공장소에서 더 안전하게 존재할 수 있으며, 이는 인류 사회의 더 나은 협력과 조화로운 공존을 촉진할 수 있습니다.

셋째, 중성화와 번식 관리입니다. 윤리적인 반려동물 관리에는 중성화와 번식 관리가 중요한 부분입니다. 무분별한 번식은 난치병과 동물 보호 문제를 야기할 수 있습니다. 중성화는 반려동물의 건강과 사회적 안정을 위해 필수적인 조치입니다. 또한 입양이나 보호소에서 기다리는 동물들에게도 더 나은 기회를 제공합니다.

넷째, 유기 동물 관리입니다. 길에서 발견된 유기 동물이나 길을 잃은 반려동물에 대한 관리 역시 중요합니다. 유기 동물을 발견했을 때는 즉각적인 조치를 통해 보호하고, 보호소나 동물 보호 단체에 신고하여 임시로 관리할 수 있는 환경을 마련해야 합니다. 또한 발견한 동물의 주인을 찾아내는 노력 역시 필요합니다.

다섯째, 사회적 책임입니다. 반려동물을 키우는 것은 사회적 책임입니다. 우리는 그들을 우리의 일부로서 받아들이고 돌봐야 합니다. 이는 반려동물의 안전과 다른 사람들의 안전을 보장하는 것도 포함합니다. 윤리적인 반려동물 관리는 반려동물의 행동을 통제하고 사회 규칙을 준수하는 것을 의미합니다.

여섯째, 환경 보호입니다. 윤리적인 반려동물 관리는 환경 보호에도 기여합니다. 올바른 쓰레기 처리와 분리수거는 반려동물의 환경 영향을 최소화하는 방법 중 하나입니다. 또한, 유기 동물을 줄이고 동물 보호 단체에 기부하거나 지원함으로써 환경을 더욱 보호할 수 있습니다.

윤리적인 반려동물 관리는 반려동물의 복지뿐만 아니라 우리 자신과 사회에도 긍정적인 영향을 미치는 중요한 책임입니다. 윤리적인 반려동물 관리는 우리의 삶을 더 풍요롭게 만들고, 동물 복지를 보호하며, 사회적 책임을 충족시키고, 환경을 보호하는 중요한 역할을 합니다. 반려동물을 가졌을 때, 우리는 그들을 사랑하고 존중하며, 그들의 기본적인 필요를 충족시키는 데 노력해야 합니다. 우리의 행동이 동물들의 행복과 안녕을 결정한다는 사실을 명심하고, 윤리적인 반려동물 관리와 책임을 통해 더 나은 세상을 만들어 나가는 데 기여해야 합니다.

제2절. 반려동물에 대한 잘못된 인식과 부당한 대우

반려동물은 우리의 삶에 큰 기쁨과 보람을 주는 가정 구성원으로 자리 잡고 있습니다. 그러나 가끔씩 반려동물에 대한 잘못된 인식과 부당한 대우로 인해 문제가 발생하고 있습니다. 이 절에서는 반려동물에 대한 잘못된 인식과 부당한 대우에 대한 문제를 다루고, 이를 개선하기 위한 방안을 제시하고자 합니다.

제1항. 반려동물에 대한 잘못된 인식

첫째, 유행과 허영심의 충족 대상으로의 인식입니다. 일부 사람들은 반려동물을 유행이나 허영심의 대상으로 취급하여 무분별한 반려동물 구매나 입양을 시도합니다. 이로 인해 반려동물의 과잉 생산이나 유기 동물의 증가와 같은 문제가 발생할 수 있습니다.

둘째, 모험심의 충족 대상으로의 인식입니다. 반려동물을 모험심을 충족시키거나 인기를 얻기 위한 도구로 사용하는 경우, 동물의 안녕과 행복이 희생될 수 있습니다. 예를 들어, 사이클링 중 반려동물을 위험한 상황에 놓이게 하거나 사회적인 장면에 노출시키는 행동은 동물의 스트레스와 불안을 유발할 수 있습니다.

셋째, 무책임한 번식 대상으로의 인식입니다. 무분별한 번식은 반려동물의 고통과 유기 동물의 증가로 이어집니다. 무책임한 번식은 사육자와 반려동물에게 모두 해를 끼칩니다. 법률과 규제를 강화하여 무책임한 번식을 방지해야 합니다.

넷째, 불법 거래 대상으로의 인식입니다. 반려동물 불법 거래는 종종 동물 학대와 관련되며, 불법 거래 시장을 근절하기 위해서는 법 집행 기관과 협력해야 합니다.

제2항. 반려동물의 부당한 대우

첫째, 유기와 방치 문제입니다. 반려동물을 무책임하게 유기하거나 방치하는 행동은 동물의 생명과 건강을 위협합니다. 또한, 적절한 관리를 받지 못하는 동물은 사회적으로 문제를 일으키기도 합니다.

둘째, 폭력과 학대입니다. 일부 사람들은 반려동물을 고의적으로 학대하거나 폭력을 행사하는 경우가 있습니다. 이는 동물의 신체적, 정서적 고통을 초래하며 사회적 동물 복지 문제로 이어질 수 있습니다.

셋째, 불안정한 환경 제공입니다. 반려동물은 안전하고 쾌적한 환경을 필요로 합니다. 부당한 대우를 받는 동물들을 보호하기 위해 동물 보호 단체와 협력하고 보호 시설을 개선해야 합니다.

넷째, 건강 관리 소홀입니다. 반려동물의 건강은 주인의 책임입니다. 예방 접종과 정기적인 건강 검진을 통해 반려동물의 건강을 유지해야 합니다.

다섯째, 반려동물 투기 및 버림입니다. 반려동물을 투기하거나 버리는 행위는 반려동물에게 정서적 스트레스를 주며 사회적 문제로 이어집니다.

제3항. 잘못된 인식과 부당한 대우에 대한 해결책

첫째, 교육과 인식 제고입니다. 반려동물을 가족 구성원으로 받아들이는 문화를 확립하기 위해 교육과 인식 제고 활동이 중요합니다. 유기 동물 문제, 책임 있는 입양, 동물의 감정과 필요를 이해하는 것이 필요합니다.

둘째, 법적 규제 강화입니다. 반려동물 학대와 방치는 범죄 행위로 간주되어야 합니다. 사회적 인식과 법률 시스템을 통해 학대 행위를 단호하게 처벌해야 합니다. 반려동물에 대한 학대와 방치에 대한 엄격한 법적 제재를 마련하여 범죄를 예방하고 처벌할 수 있는 체계를 구축해야 합니다.

셋째, 책임 있는 반려동물 관리입니다. 반려동물을 입양하거나 구입할 때 책임 있는 선택을 할 수 있도록 도와주는 지침과 교육 프로그램을 확대하고, 동물의 적절한 관리 방법을 제공해야 합니다.

반려동물에 대한 잘못된 인식과 부당한 대우는 우리 사회에 해를 끼치며 동물들에게 큰 고통을 줄 수 있습니다. 우리는 책임 있는 반려동물 관리와 동물 복지에 더욱 관심을 기울여야 하며, 교육과 법적 규제의 강화를 통해 이러한 문제를 해결해 나가야 합니다. 따라서 교육, 법률, 규제, 그리고 사회적인 인식을 향상시켜 반려동물의 생활을 더 나아지게 하는 데 우리 모두가 기여해야 합니다. 우리는 모두가 책임감을 가지고 반려동물을 존중하고 보호하는 사회를 만들어야 합니다.

제3절. 지속 가능한 반려동물 관리 방법

반려동물은 우리의 삶에 큰 기쁨과 만족을 줄 뿐만 아니라, 책임 있는 돌봄과 관리가 필요한 존재입니다. 이러한 반려동물의 관리 방식이 환경적, 사회적, 경제적 측면에서 영향을 미칠 수 있음을 인지하고 지속 가능한 관리 방법을 채택하는 것은 중요한 과제입니다. 이 절에서는 지속 가능한 반려동물 관리 방법에 대해 논의하고, 어떻게 우리가 반려동물을 키우는 동안 환경을 보호하고 사회적 책임을 다할 수 있는지에 대해 살펴보겠습니다.

제1항. 환경 측면에서의 지속 가능한 반려동물 관리

첫째, 적절한 반려동물 선택입니다. 지속 가능한 반려동물 관리의 첫 번째 단계는 적절한 동물을 선택하는 것입니다. 크기, 활동 수준, 먹이 요구 등을 고려하여 자신의 라이프스타일에 맞는 동물을 선택해야 합니다. 큰 반려동물은 더 많은 공간과 에너지를 필요로 합니다. 작은 집이나 아파트에서는 작은 크기의 반려동물을 선택함으로써 에너지 소비를 줄일 수 있습니다.

둘째, 선택적인 반려동물 입양입니다. 가장 기본적인 지속 가능한 관리 방법은 반려동물을 선택적으로 입양하는 것입니다. 보호소나 입양 센터에서 동물을 입양하면 유기 동물의 문제를 완화하고 동물 복지를 촉진할 수 있습니다. 또한, 유기 동물 입양은 동물의 수명을 연장시키는 동시에 새로운 가족을 찾는 기회를 제공합니다.

셋째, 지속 가능한 사료와 용품 선택입니다. 반려동물의 사료와 용품 선택에 있어서 환경 친화적인 제품을 선택하는 것이 중요합니다. 육식 동물의 경우 고기 소비의 환경적 영향을 고려하여 식물성 기반 사료로 전환하는 것을 고려할 수 있습니다. 또한, 지속 가능한 재료로 만들어진 용품을 선택하여 일회용품 사용을 줄이고 재활용을 촉진할 수 있습니다.

넷째, 스마트한 소비입니다. 반려동물 용품을 구매할 때 지속 가능한 옵션을 선택하는 것이 중요합니다. 재생 가능한 소재로 만들어진 제품을 선택하거나, 사용하지 않는 반려동물 용품을 기부하고 재활용하는 등의 노력을 통해 자원 소비를 줄일 수 있습니다.

제2항. 사회적 측면에서의 지속 가능한 반려동물 관리

첫째, 책임 있는 번식 관리입니다. 반려동물 번식 통제는 지속 가능성을 위한 중요한 고려 사항입니다. 번식 통제는 반려동물 관리에서 핵심적인 부분입니다. 무분별한 번식은 동물 보호 시설에 부담을 주며, 새로운 동물들을 위한 가정이 부족할 수 있습니다. 중성화 및 화환 수술을 고려하여 번식을 통제하는 것이 바람직합니다. 따라서, 반려동물의 번식은 전문가의 조언을 듣고 신중히 결정해야 합니다.

둘째, 올바른 사육 관리입니다. 반려동물을 사육하는 동안, 올바른 사육 관리가 필수적입니다. 이는 건강한 동물을 유지하고 의료 비용을 절약할 수 있는 방법입니다. 예방 접종, 건강 검진, 규칙적인 운동, 적절한 먹이 및 물 공급은 반려동물의 건강을 지키는 데 중요합니다.

셋째, 훈련과 사회화입니다. 반려동물을 잘 훈련시키고 사회화시키면, 공공장소에서의 문제 행동을 줄이고 안전한 환경을 유지할 수 있습니다.

넷째, 유기 동물 입양입니다. 유기 동물을 입양함으로써 보호소와 협력하여 동물을 구조하고 새로운 가족을 찾도록 돕습니다.

제3항. 윤리적 측면에서의 지속 가능한 반려동물 관리

첫째, 적절한 반려동물 관리입니다. 반려동물을 키우는 동안 적절한 동물 케어를 제공하는 것이 중요합니다. 올바른 사료와 식이 관리, 정기적인 건강 검진, 예방 접종 등을 통해 반려동물의 건강을 유지할 수 있습니다. 건강한 동물은 불필요한 의료 비용과 자원 낭비를 줄이는 방법이 됩니다.

둘째, 환경 친화적인 선택입니다. 반려동물의 식사 및 화장실 처리 방법은 환경에 미치는 영향을 고려해야 합니다. 친환경적인 반려동물 사료와 생물학적 처리가 가능한 배설물 수거 용기를 고려함으로써 환경 영향을 최소화할 수 있습니다.

셋째, 교육과 인식 제고입니다. 마지막으로, 지속 가능한 반려동물 관리에 대한 교육과 인식이 필요합니다. 주인들과 전문가들은 반려동물 관리의 중요성과 올바른 방법을 널리 알리는 역할을 해야 합니다.

지속 가능한 반려동물 관리는 환경, 사회, 경제적 측면에서 모두 중요한 이슈입니다. 따라서 반려동물을 관리하는 과정에서 환경 영향을 최소화하고 동물의 복지와 건강을 촉진하는 것이 필요합니다. 우리의 선택과 노력이 지구와 함께 순환 가능한 생태계를 구축하고 유지하는 데 큰 영향을 미칠 수 있음을 기억해야 합니다. 적절한 동물 선택, 올바른 사육 관리, 스마트한 소비, 책임 있는 번식 통제, 환경 친화적인 선택 및 교육과 인식은 모두 이 목표를 달성하기 위한 핵심 요소입니다. 환경에 대한 영향을 최소화하고, 사회적 책임을 다하며, 반려동물의 건강과 복지를 적절히 관리함으로써 우리는 더 나은 미래를 위한 토대를 마련할 수 있습니다. 이러한 실천이 반려동물뿐만 아니라 우리의 지구와 사회에도 긍정적인 영향을 미칠 것입니다.

제4절. 반려동물 복지와 동물 권리

반려동물 복지와 동물 권리는 현대 사회에서 중요한 주제 중 하나로 부상하고 있습니다. 이 절에서는 반려동물 복지와 동물 권리의 개념, 중요성, 그리고 이를 실현하기 위한 방안에 대해 논의하고자 합니다.

제1항. 반려동물 복지의 중요성

반려동물은 우리에게 정서적 지지와 위로를 제공하며, 우리의 심리적 안녕과 행복에 긍정적인 영향을 미칩니다. 그렇기 때문에 반려동물 복지는 우리 사회에서 중요한 역할을 합니다. 반려동물 복지는 우리 사회에서 동물들에게 제공되는 적절한 관리와 관심에 대한 개념입니다. 이는 반려동물들이 건강하고 행복하게 생활할 수 있도록 필요한 모든 것을 제공하는 것을 의미합니다. 반려동물 복지는 주로 다음과 같은 측면에서 중요성을 갖습니다.

첫째, 건강한 생활 환경 제공입니다. 적절한 주거 공간, 영양, 의료 관리는 반려동물의 건강을 유지하는 데 중요합니다.

둘째, 정서적 지원입니다. 동물들은 감정을 느끼고 스트레스를 경험할 수 있으므로, 정서적 관리와 적절한 사회적 상호 작용이 필요합니다.

셋째, 사회적 연결성 강화입니다. 반려동물은 이웃과의 상호 작용을 촉진하고 사회적인 연결을 형성하는 데 도움을 줍니다.

넷째, 운동 및 활동 증진입니다. 반려동물과의 산책이나 놀이는 우리의 신체적 건강을 지원하며, 활동적인 라이프스타일을 유지하는 데 도움이 됩니다.

다섯째, 교육과 훈련입니다. 적절한 훈련은 반려동물의 안전과 주변 사람들의 안전을 보장하는 데 중요합니다.

제2항. 동물 권리의 개념 및 중요성

첫째, 동물 권리의 개념입니다. 동물 권리란 동물들이 인간의 노예나 도구로 취급되지 않고, 독립적으로 자신의 이익과 안녕을 추구할 권리를 의미합니다. 동물 권리는 다음과 같은 기본 원칙을 포함합니다.

가. 삶의 자유와 안전입니다.
나. 고통 방지 및 고통의 예방입니다.
다. 기본적인 생존 권리입니다.
라. 본능적인 특성 존중입니다.

둘째, 동물 권리의 중요성입니다. 동물 권리는 동물들이 인간의 이익을 위해 학대나 고통을 겪지 않을 권리를 말합니다. 동물 권리의 중요성은 다음과 같습니다.

가. 학대 방지입니다. 동물 권리를 보호하면 동물 학대를 예방하고 사전에 대응할 수 있습니다.

나. 생명권입니다. 동물들은 생명을 살릴 권리를 가지며, 이는 무분별한 동물 학대나 살육을 금지하는 법률로 반영되어야 합니다.
다. 고통 방지입니다. 동물들은 불필요한 고통을 겪지 않는 권리를 가집니다. 실험동물의 적절한 취급과 동물의 복지는 이러한 권리를 보호하는 중요한 부분입니다.

셋째, 동물 권리에 대한 이해입니다.

가. 생명의 존엄성입니다. 모든 동물은 고통과 학대로부터 자유롭게 살 권리를 가지며, 인간의 욕구나 편익을 위해서 이용되어서는 안 됩니다.
나. 합리적 대우입니다. 동물들은 과학적인 연구, 기타 용도로서의 이용 등에서도 고통스럽지 않도록 적절한 대우를 받아야 합니다.
다. 자연환경 존중입니다. 동물들의 서식지와 자연환경을 존중하고 보호하는 것이 필요합니다.

제3항. 반려동물 복지와 동물 권리 향상을 위한 제안

첫째, 법과 규제 강화입니다. 동물 권리를 보호하기 위해 법률이 필요합니다. 많은 국가에서는 동물 복지와 동물 권리를 보호하는 법률을 제정하고 있습니다. 이러한 법률은 동물 학대를 처벌하고 동물들에게 필요한 보호를 제공합니다. 동물 학대에 대한 엄격한 법과 규제를 시행하여 적절한 처벌을 통해 동물 권리를 보호해야 합니다.

둘째, 교육과 인식 제고입니다. 동물의 복지와 권리에 대한 교육을 강화하고, 사람들의 인식을 높여야 합니다.

셋째, 윤리적인 반려동물 양육입니다. 동물을 입양 또는 구입할 때, 책임 있는 양육을 위해 충분한 고려와 준비가 필요합니다.

넷째, 동물보호 단체와 협력입니다. 정부와 비정부 단체 간의 협력을 강화하여 동물 보호 활동을 증진시켜야 합니다. 이를 통해 입양을 장려하고, 유기 동물 문제에 대한 대처를 강화할 수 있습니다.

다섯째, 자원 투입 및 공공 시설 개선입니다. 동물 복지와 권리를 위해 충분한 자원과 연구가 투입되어야 합니다. 또한, 동물들의 안전한 환경 제공을 위한 공공 시설과 동물 친화적 도시 조성 등을 고려해야 합니다.

반려동물 복지와 동물 권리는 우리 사회의 중요한 주제로, 이러한 개념을 실현하기 위한 노력이 필요합니다. 이를 위해서는 법과 규제, 교육, 윤리적인 양육, 보호 단체와의 협력 등 다양한 측면에서 노력이 필요합니다. 그리고 공공 시설 개선을 통해 우리는 동물들의 복지와 권리를 존중하며 미래 세대에 더 나은 환경을 제공할 수 있을 것입니다. 동물들은 우리와 공존하는 동료 생명체로서, 그들의 안녕과 행복을 보장하는 것은 우리의 윤리적 의무입니다. 우리는 동물들과 함께 조화롭게 공존하고, 그들의 권리를 존중하는 사회를 만들기 위해 노력해야 합니다.

제5절. 책임 있는 반려동물 오너십의 실천 방안

반려동물은 우리 생활에 큰 기쁨을 주고 위로를 줄 수 있는 소중한 동반자 중 하나입니다. 그러나 반려동물을 소유할 때에는 그들의 건강, 행복, 그리고 사회적 책임을 감당해야 함을 인지해야 합니다. 따라서 이들의 행복한 삶을 위해서는 책임 있는 오너십이 필수적입니다. 이 절에서는 책임 있는 반려동물 오너가 되기 위한 실천 방안에 대해 논의하고자 합니다. 책임 있는 반려동물 오너십은 동물의 복지와 안녕을 최우선으로 고려하는 것을 의미합니다.

제1항. 교육과 정보 확보 책임

책임 있는 반려동물 오너십의 핵심은 동물에 대한 이해와 지식입니다. 이러한 지식을 확보하기 위해 다음과 같은 단계를 고려할 수 있습니다.

첫째, 동물의 특성과 행동에 대한 연구입니다. 자주 키우는 동물의 특성과 행동을 학습하고, 그들의 필요와 요구를 이해합니다.

둘째, 교육과 정보 제공입니다. 반려동물을 입양하거나 구입하기 전에 반려동물에 대한 충분한 정보를 습득할 수 있는 교육 프로그램을 개발하고, 이를 반려동물 관련 웹사이트, 소셜 미디어, 지역 커뮤니티 등을 통해 홍보합니다. 또한, 반려동물의 종류별 특성, 사료 및 영양, 건강 관리 방법 등에 대한 다양한 정보를 제공하여 새로운 오너들이 적절한 선택을 할 수 있도록 지원합니다.

셋째, 동물 의료에 대한 정보입니다. 예방 접종, 건강 관리, 긴급 상황 대처 방법 등을 배우고 동물을 정기적으로 수의사에게 검진하도록 합니다.

제2항. 적절한 환경 조성 책임

반려동물의 행복과 안녕을 위해서는 적절한 환경이 필요합니다.

첫째, 적절한 품종 선택 및 충분한 공간 제공입니다. 반려동물을 선택할 때, 그 동물의 특성과 우리의 라이프스타일을 고려해야 합니다. 작은 아파트에서는 큰 견종보다는 작은 견종이나 고양이가 더 적합할 수 있습니다. 품종의 활동 수준, 크기, 모집 적성 등을 고려하여 적절한 선택을 해야 합니다. 그리하면, 충분한 공간을 확보하고, 동물에게 필요한 휴식과 활동 공간을 제공할 수 있습니다.

둘째, 충분한 훈련과 사회화입니다. 반려동물을 키우는 것은 교육과 훈련의 연속입니다. 올바른 훈련을 통해 동물은 사회적으로 적응하고, 문제 행동을 줄일 수 있습니다. 특히 강아지의 경우 사회화 훈련은 중요합니다. 훈련은 반려동물과 오너 간의 긍정적인 상호 작용을 통해 이루어져야 합니다.

셋째, 적절한 영양 공급입니다. 반려동물의 영양은 건강에 직접적인 영향을 미칩니다. 영양 균형 잡힌 식사를 제공하고, 고려해야 할 특별한 식사 요구 사항이 있는지 알아봐야 합니다. 권장 사항에 따라 음식을 제공하고, 주기적으로 수의사와 상담하여 건강한 식사 계획을 수립해야 합니다.

넷째, 환경 고려입니다. 반려동물을 위한 안전하고 편안한 환경을 조성해야 합니다. 안전한 공간, 충분한 운동 공간, 잠자리, 장난감, 식수 공급 등을 고려해야 합니다.

제3항. 정기적인 예방 접종과 건강 관리 책임

첫째, 정기적인 예방 접종과 건강 검진입니다. 반려동물의 건강을 유지하기 위해서는 정기적인 예방 접종과 건강 검진을 실시해야 합니다. 필요한 경우, 동물 병원에서 전문적인 치료를 받을 수 있도록 준비된 긴급 상황 대비 계획을 수립해 두어야 합니다.

둘째, 예방적 의료 관리입니다. 반려동물을 예방적으로 관리하는 것은 긴급 상황을 예방하고 동물의 건강을 유지하는 데 중요합니다. 예방 접종, 내/외부 해충 통제, 정기적인 건강 검진을 포함한 의료 관리를 실천해야 합니다.

제4항. 사회적 및 윤리적 책임

첫째, 입양 촉진 및 유기 동물 문제 해결입니다. 유기 동물 입양을 촉진하기 위해 동물 보호센터와 협력하여 입양 이벤트를 주최하고, 입양 시 입양료 할인이나 보호 동물에 대한 특별 혜택을 제공합니다. 또한, 유기 동물 문제를 줄이기 위해 중성화 캠페인을 진행하고, 입양 전 반려동물을 중성화하는 것을 권장합니다.

둘째, 적절한 행동 교육과 사회화입니다. 반려동물의 행동 교육을 위해 전문가의 도움을 받거나 훈련 프로그램에 참여합니다. 사회화를 위해 다른 반려동물과의 만남을 조화롭게 관리하고, 사람들과의 소통을 증진시킵니다.

셋째, 환경 보호와 공공장소 예절입니다. 반려동물이 공공장소에서 안전하고 친화적으로 행동할 수 있도록 지도합니다. 산책 시 반려동물 배설물을 적절히 처리하고, 공공장소를 깨끗하게 유지합니다.

넷째, 사회 참여 및 봉사 활동입니다. 지역 사회의 반려동물 관련 행사나 봉사 활동에 참여하여 반려동물을 통해 사회에 기여하는 경험을 제공합니다.

다섯째, 충분한 관심과 애정입니다. 반려동물은 사랑과 관심을 필요로 합니다. 매일의 산책, 놀이 시간 제공, 적절한 영양 관리 등을 통해 정성스러운 관심과 애정을 표현해야 합니다

책임 있는 반려동물 오너십은 동물의 복지와 행복을 최우선으로 고려

하는 노력의 결과물입니다. 반려동물을 선택할 때부터 시작하여 품종 선택, 훈련, 영양 관리, 의료 관리, 환경 고려, 애정 표현 등 다양한 측면에서 책임을 다해야 합니다. 이러한 실천 방안을 따르면 반려동물과 함께 행복한 시간을 보낼 수 있을 뿐 아니라, 동물의 행복과 안녕을 보장할 수 있습니다. 우리는 반려동물의 행복한 삶을 위해 지속적인 노력과 교육이 필요하며, 위에서 제시한 방안들을 실천함으로써 더 나은 반려동물 관계를 형성할 수 있을 것입니다. 이러한 노력은 우리의 삶뿐만 아니라 반려동물의 삶에도 긍정적인 영향을 미칠 것입니다.

제6절. 반려동물 학대 예방과 신고 절차

반려동물은 우리 생활에서 소중한 가족 구성원으로 자리매김하고 있습니다. 그러나 가끔 반려동물에 대한 학대와 소홀한 대우로 인해 그들의 안녕과 행복이 위협받을 수 있습니다. 이에 따라 반려동물 학대 예방과 학대 사례를 신속하게 대처하기 위한 신고 절차가 중요한 역할을 하고 있습니다. 이 절에서는 반려동물 학대 예방을 위한 중요성과 학대 신고 절차에 대해 살펴보겠습니다.

제1항. 반려동물 학대

첫째, 반려동물 학대의 개념입니다. 반려동물 학대는 동물에게 의도적으로 불필요한 고통이나 스트레스를 주거나, 동물의 기본적인 필요를 충족시키지 않는 행동을 포함합니다. 이는 동물에게 신체적, 정신적 고통을 일으킬 수 있는 행동, 무책임한 양육, 방치, 유기, 폭행 등 다양한 형태로 나타날 수 있습니다.

둘째, 반려동물 학대 방지의 중요성과 영향입니다. 반려동물은 무엇보다도 우정과 애정을 나누는 가족 구성원입니다. 하지만 어떤 이유로든 반려동물에게 가해지는 학대는 그들의 신체 및 정신적 건강에 심각한 영향을 미칠 수 있습니다. 학대로 인한 고통과 스트레스는 반려동물의 행동 이상, 불안, 우울증, 심지어 사망에 이르는 결과를 초래할 수 있습니다. 또한, 학대 사례가 공개되면 사회적 비난과 법적 제재를 받을 가능성이 있어 학대를 예방하는 것이 중요합니다.

셋째, 반려동물 학대의 종류와 신호입니다. 반려동물 학대는 다양한 형태로 나타날 수 있으며, 주요 신호와 예방 방법에 대해 알고 있어야 합니다.

가. 신체적 학대입니다. 동물에게 신체적인 고통을 주는 행동, 예를 들면 폭력적인 취급, 무거운 물건으로 때리는 행동 등입니다.
나. 정서적 학대입니다. 동물에 대한 정서적인 학대, 감정적으로 방치하거나 욕설하는 행동 등입니다.
다. 유기입니다. 동물을 버리거나 적절한 돌봄을 주지 않는 행동 등입니다.

제2항. 반려동물 학대 예방을 위한 접근 방법

반려동물 학대를 예방하기 위해 다음과 같은 조치를 취할 수 있습니다.

첫째, 교육과 정보 제공입니다. 반려동물을 입양하거나 기르는 사람들에게 올바른 돌봄과 대우에 관한 교육을 제공함으로써 학대 예방을 강화할 수 있습니다. 교육은 올바른 사료와 식사, 적절한 건강 관리, 예방 접종, 산책과 운동의 중요성 등을 강조해야 합니다.

둘째, 동물 복지 법규 강화입니다. 정부와 지방자치단체는 반려동물 복지를 위한 법규를 강화하고, 반려동물을 잘못 다루는 행위에 대한 엄격한 처벌을 시행함으로써 학대를 방지할 수 있습니다.

셋째, 동물 보호 단체와의 협력입니다. 동물 보호 단체와 협력하여 유기 동물 문제와 학대 사례를 조기에 발견하고 신속하게 대처할 수 있는 체계를 구축해야 합니다.

넷째, 적절한 양육과 보살핌입니다. 반려동물의 식사, 건강 관리, 정기적인 운동, 사회적 상호 작용을 보장해 주어야 합니다. 동물에게 충분한 음식, 물, 보호, 의료 관리를 제공하는 것은 필수입니다. 또한, 반려동물이 활동하고 탐구할 수 있는 환경을 제공해야 합니다.

제3항. 반려동물 학대 신고 절차

첫째, 즉시 신고입니다. 학대 혹은 유기된 반려동물을 목격하거나 의심되는 경우, 가능한 빨리 관련 기관에 신고해야 합니다. 이는 학대를 조기에 발견하고 피해를 최소화하기 위한 중요한 단계입니다. 반려동물 학대가 의심되거나 목격된 경우, 신고 절차를 따라야 합니다.

둘째, 신고 내용입니다. 가능한 정확한 정보를 제공하는 것이 중요합니다. 사건의 장소, 시간, 피해를 입은 동물의 종류와 특징, 학대 사례의 세부 사항을 명확하게 알려 줘야 합니다. 신고 시 동물의 상태와 학대 사례에 대한 세부 정보를 제공해 주어야 합니다. 가능한 증거를 모으고 문제를 해결하기 위해 협력해야 합니다.

셋째, 신고처 정보입니다. 학대 신고는 지역 동물 보호 단체, 동물 복지 단체, 동물 관리 기관, 경찰 등에 할 수 있습니다. 관련 기관의 연락처를 미리 알고 있는 것이 도움이 됩니다. 법 집행 기관 또는 동물 보호 기관이 조사를 시작하면 협력해야 합니다.

반려동물 학대는 동물의 권리를 침해하는 심각한 문제입니다. 우리는 적절한 양육, 관리, 교육을 통해 학대를 예방할 책임이 있으며, 누구나 학대 사례를 발견했을 때는 주저하지 말고 신고하여 반려동물의 안녕을 지키는 데 기여하는 시민이 되어야 합니다. 반려동물 학대를 예방하고 신고하는 것은 선량한 시민으로서의 도덕적 의무이므로 동물을 지키고 보호하기 위한 노력을 계속해야 하며 학대로부터 반려동물을 지키기 위해 협력해야 합니다.

제7절. 동물 보호 단체와 봉사 활동

한국은 고유의 문화와 자연환경을 지니고 있는 동시에, 동물에 대한 보호와 관리에 있어 다양한 과제를 안고 있는 나라입니다. 동물 보호에 관심을 가지고 있는 많은 사람들이 동물 보호 단체에서 봉사 활동을 통해 이러한 문제들을 해결하고자 노력하고 있습니다. 한국은 동물 보호와 관련된 봉사 활동이 빠르게 성장하고 있는 나라 중 하나입니다. 이 절에서는 한국에서 활동 중인 동물 보호 단체와 그들의 봉사 활동에 대해 살펴보겠습니다. 동물 보호는 무엇보다도 인류의 동반자인 동물들의 안녕과 안락을 증진하기 위해 중요한 노력입니다.

제1항. 한국의 동물 보호 현황

첫째, 한국의 동물 보호 상황입니다. 한국은 동물에 대한 인식 변화와 함께 동물 복지와 보호에 대한 관심이 증가하고 있습니다. 그러나 아직도 유기 동물 문제, 학대 사례, 무분별한 사육 등의 도전적인 문제들이 존재하고 있습니다.

둘째, 한국의 동물 보호 단체의 역할입니다. 한국에는 동물 보호를 위해 다양한 단체들이 활동하고 있습니다. 대표적으로 “동물권행동 카라”와 “한국 동물구조관리협회”등이 있으며, 이들 단체는 유기 동물 구조, 동물 학대 사례 신고 및 조사, 입양 캠페인 등을 통해 동물 복지 증진을 위해 노력하고 있습니다.

셋째, 동물 보호 봉사 활동입니다. 한국의 동물 보호 단체들은 많은 봉사자들의 도움을 받아 활동하고 있습니다. 봉사자들은 주로 유기 동물 보호소에서의 동물 돌봄, 청소, 사료 주기 등의 일상적인 활동을 수행하며, 또한 입양 캠페인이나 교육 행사 등에 참여하여 동물 복지에 관한 인식을 확산시키는 역할을 합니다.

넷째, 봉사 활동의 영향입니다. 한국에서는 동물 보호 단체와 봉사자들의 노력으로 많은 유기 동물들이 새로운 가정을 얻었고, 동물 복지에 대한 인식이 증가함에 따라 학대 사례도 감소하는 추세를 보이고 있습니다. 봉사 활동은 사회적 관심을 동물 보호에 높이게 하며, 정부 및 사회적 단체들도 이러한 움직임에 더 많은 지원을 하고 있습니다.

제2항. 한국의 주요 동물 보호 단체

한국에서는 다양한 동물 보호 단체가 활동하고 있으며, 그중 일부는 다음과 같습니다.

첫째, KARA(Korean Animal Rights Advocates: 동물권행동 카라)입니다. 2002년부터 활동을 시작하였으나, 2005년 '동물보호시민단체 카라'로 정식 등록되었고, 2018년 사단법인 '동물권행동 카라'로 단체명을 변경하였다. KARA는 한국에서 가장 큰 동물 보호 단체 중 하나로, 동물 학대 및 유기 동물 문제에 대한 민간 단체로서 활발한 활동을 펼치고 있습니다. 이 단체는 동물 학대 사건을 조사하고, 유기 동물의 구조와 입양을 촉진하는 역할도 하고 있습니다.

둘째, KARMA(Korea Animal Rescue Management Association: 한국 동물구조관리협회)입니다. KARMA는 유기 동물 구조와 동물 학대 예방을 위한 단체로, 입양, 양육, 교육 프로그램 등을 운영하며 동물들의 안녕을 촉진하고 있습니다.

셋째, KoALA(Korea Alliance for the Prevention of Cruelty to Animals: 한국 동물학대방지연맹)입니다. KoALA는 동물 학대를 방지하고 동물의 권리를 증진하기 위해 노력하는 단체입니다. 그들은 동물 복지 개선을 위한 법률 개혁과 교육 프로그램을 주도하고 있습니다.

넷째, KAZA(Korean Association of Zoos and Aquarium: 한국 동물원 수족관협회)입니다. KAZA는 동물원과 수족관에 관련된 문제에 대한 연구와 개선을 위한 단체로, 동물원의 조건 개선과 동물 복지 증진을 목표로 노력하고 있습니다.

다섯째, CARE(Coexistence of Animal Rights on Earth: 동물권단체 케어)입니다. 2002년 동물 보호 활동가들에 의해 설립된 동물권보호 운동 단체입니다. 2002년 8월, 설립 당시에는 '동물사랑실천협회'로 출범하였으나, 2015년 4월, 동물사랑실천협회에서 사단법인 '동물권단체 케어'로 명칭을 변경하였다. 2023년 현재는 '동물권단체 케어(CARE)'와 2014년 설립된 동물보호소 운영단체 '땡큐애니멀스'로 분리, 독립 운영하면서 상호 지원을 하고 있습니다.

여섯째, KAPS(Korea Animal Protection Society: 한국 동물보호협회) 입니다. 1991년에 재단법인 '한국 동물보호협회'로 설립 등록된 동물권보호 운동 단체입니다. 1992년 10월, 〈동물사랑 생명사랑〉이란 명칭의 협회지 발행을 시작하였습니다.

일곱째, 지자체 동물보호센터 및 지역별 단체입니다. 많은 지역에서 동물 보호 단체들이 활동하고 있으며, 이들은 지역 사회에서 발생하는 동물 문제에 대한 실질적인 지원을 제공하고 있습니다. 예를 들어, '서울 동물복지지원센터'는 서울시에서 "유기 동물 안락사 제로화, 입양 100%" 실현을 위하여, 유기 동물의 치료부터 입양, 교육까지 전담하는 동물보호 전문시설로서, 2017년 10월 '서울 동물복지지원센터 마포센터', 2020년 4월 '서울 동물복지지원센터 구로센터'를 각각 개설하여 운영하고 있으며, 서울 지역에서의 유기 동물을 돌보아주고, 입양을 촉진하고, 입양 예정 동물의 동물 등록 및 중성화 수술을 지원하고, 동물보호 시민 교육 및 반려동물 사회화 교육 등을 지원하고 있습니다.

제3항. 봉사 활동

한국의 동물 보호 단체들은 봉사자들의 지원을 크게 의존하고 있으며, 이들의 활동은 다음과 같습니다.

첫째, 유기 동물 구조와 입양입니다. 많은 동물 보호 단체들은 유기 동물을 구조하고 새로운 가정을 찾아 주는 입양 캠페인을 진행하고 있습니다. 이를 통해 수많은 동물들이 안전하고 사랑을 받는 환경으로 이동할 수 있게 도와주고 있습니다. 봉사자들은 유기 동물 보호소에서 동물들의 돌봄을 담당합니다. 이 활동은 동물들에게 정서적 지지를 제공하고, 입양 가능한 상태로 만들기 위해 의료 치료 및 사회화 프로그램을 실행합니다.

둘째, 입양 촉진입니다. 동물 보호 단체들은 입양을 촉진하기 위해 입양 행사를 주최하고 입양 가정을 찾는 데 도움을 줍니다. 이는 유기 동물의 수를 줄이는 데 큰 역할을 합니다.

셋째, 동물 복지 교육과 정보 제공입니다. 봉사자들은 동물 복지 및 동물 보호에 관한 정보를 제공하고, 학교나 지역 사회에서 동물 복지 교육을 실시하고 있습니다. 동물 보호 단체들은 학교, 커뮤니티, 온라인 플랫폼을 통해 동물 복지에 대한 교육 프로그램을 제공하여 대중의 인식을 높이고 동물 학대를 예방하고자 노력하고 있습니다.

넷째, 동물 학대 신고 및 조사입니다. 동물 보호 단체들은 동물 학대 신고를 접수하고 해당 사건을 조사하여 동물들을 지키는 역할을 하고 있습니다. 동물 학대자에 대한 법적 조치를 취하기도 합니다.

한국의 동물 보호 단체와 봉사자들의 활발한 노력은 동물 복지와 보호를 위한 중요한 역할을 하고 있습니다. 이러한 단체들과 봉사자들의 노력은 한국의 동물들에게 더 나은 삶을 제공하는 데 도움을 주며, 동물 학대와 유기 동물 문제에 대한 인식을 높이는 데에도 기여하고 있습니다. 그러나 여전히 해결되지 않은 문제들이 존재하므로, 지속적인 노력과 관심이 필요합니다. 동물 보호에 대한 인식이 더욱 확산되고, 정부와 시민 사회의 협력 아래 더 나은 동물 복지 환경을 조성하는 노력이 지속되기를 기대합니다. 앞으로도 이러한 활동을 지속적으로 지원하고 확대해 나가는 것이 중요하며, 모든 이들의 노력에 감사를 표합니다.

제2부

반려동물과 함께하는 삶의 행복 이야기(에세이)

Ubiquitous Pet-utopia

제1장

골든 리트리버 "골든"과 함께: 서로에 대한 믿음과 사랑의 깊어짐

나의 인생에 "골든"이라는 반려견이 등장하기 전까지, 반려동물과의 관계가 얼마나 특별한 것인지에 대해 감정적으로 이해하지 못했습니다. 그럴 때마다, 내 주변에서 반려동물과 함께하는 사람들의 이야기를 듣고는 부러움을 느꼈었습니다. 그러나 지난봄, 골든이라는 사랑스러운 강아지와의 만남을 통해, 진정한 의미에서 반려동물과 함께하는 행복을 경험할 수 있게 되었습니다.

처음 골든을 데리고 집으로 왔을 때, 그녀의 청초한 눈동자와 부드러운 털에 황홀함을 느꼈습니다. 그 순간부터 골든은 나의 가족의 일원이 되었습니다. 그러나 새로운 삶을 함께 시작하는 것은 그다지 쉽지만은 않았습니다. 골든은 예상치 못한 상황에 두려워하고, 새로운 환경에 적응하는 데 어려움을 겪기도 했었습니다. 그러나 나에게 더 큰 문제는 내가 그녀에게 제대로 다가갈 수 있는지에 대한 의문이었습니다. 사실, 골든은 처음 만난 날부터 나에게 믿음을 보여 주었습니다. 상당한 몸집 크기에 착한 얼굴 모습의 강아지였지만 그녀의 눈에는 믿음과 사랑이 가득하였었습니다. 그녀가 처음 집으로 온 날, 그 모습은 마치 새로운 가족 구성원이 집에 온 것처럼 흥분스러웠습니다. 나는 그녀에게 믿음을 주려고 노력하였고, 그녀 역시도 나에게 믿음을 주었습니다. 이 믿음은 우리 사이의 특별한 연결고리가 되었습니다.

서로에 대한 믿음과 사랑의 과정은 시간이 걸렸습니다. 나는 인내심을 가지고, 골든을 위한 새로운 규칙과 환경을 만들기 시작하였었습니다. 매일 오후의 산책과 함께 끊임없는 칭찬과 격려를 통해, 그녀는 서서히 나에게 더 가까워지게 되었습니다. 나는 그녀의 성격과 취향을 이해하려고 노력하면서, 그녀에게 최선을 다하는 것이 우리 사이의 믿음과 애정을 키울 수 있는 길임을 깨닫게 되었습니다.

첫 번째 에피소드는 우리의 관계가 얼마나 깊어졌는지를 나타내는 좋은 사례입니다. 그날은 비가 많이 내리는 날씨였습니다. 평소와 같이 오후 산책을 시작했지만, 골든은 물웅덩이를 피하려 하며 고개를 돌렸습니다. 그러나 내가 확신 있게 앞으로 걸어가자, 그녀는 믿음을 가지고 따라오기 시작했습니다. 그리고 우리는 비 내리는 길을 함께 걸어 나갔습니다(물론, 산책에서 돌아온 후 비에 젖은 머리 털, 등쪽의 털과 바닥 물에 흠뻑 젖은 다리의 긴 털 들을 세척하고 샤워시켜 주고 헤어 드라이로 말려주는 행복한 수고로움이 동반되는 일이었습니다). 그 순간, 서로를 믿고 따르는 것이 얼마나 중요한지를 가슴속 깊이 느꼈습니다. 우리의 끈끈한 유대감은 비가 내리는 날마다 더욱 깊어져 가고 있습니다.

두 번째 에피소드입니다. 골든과 함께하는 시간이 흐름에 따라, 그녀의 미소와 행복한 꼬리 흔들림이 나의 일상의 소중한 순간이 되어 가고 있습니다. 그녀의 사랑은 조건 없이, 항상 나를 기쁘게 하며 위로하고, 때로는 지루한 나의 일상에서 신선한 용기를 주기도 했습니다. 이제서야 나는 반려동물과 함께하는 행복의 진정한 뜻을 조금이나마 깨닫게 되었습니다. 그것은 서로에게 믿음을 갖고 함께 성장하며, 사랑과 관심으로 서로를 채워 주는 과정이었습니다. 골든은 나에게 얼마나 믿음직한 친구인지를 항상 상기시켜 주었습니다. 그녀는 언제나 나를 반기고, 나에게 충실하게 따라다녔습니다. 어떤 어려움에 부딪혀도 그녀는 나에게만은 끝없는 사랑과 지지를 제공해 주었습니다. 골든이 함께 있는 동안, 나는 어떤 어려움도 이겨 낼 수 있다는 확신을 가지게 되었습니다.

세 번째 에피소드입니다. 물론, 골든과 함께하는 시간은 항상 즐겁지만, 그녀와 함께 겪는 모든 순간이 항상 쉬운 것만은 아니었습니다. 훈련과 관리가 필요하고, 때로는 그녀의 건강을 위해 관심을 기울여야 했습니다. 하지만 이러한 노력은 우리의 관계를 더욱 강화시켜 주었습니다. 서로를 이해하고 배려하는 과정에서, 우리는 더욱 깊은 사랑을 발견하게 되었습니다. 골든과 함께한 삶은 또한 새로운 경험과 모험을 의미했습니다. 산책을 하며 자연을 탐험하고, 공원에서 놀이를 즐기며 삶의 즐거움을 찾게 되었습니다. 그녀와 함께하는 시간은 일상의 스트레스와 허무함을 잊게 해 주었습니다. 골든과 함께 있을 때, 나는 그 순간을 최대한 즐기며 감사하게 되었습니다.

골든과 함께한 시간 동안, 우리 가족은 사랑과 충실함을 배우게 되었습니다. 그녀의 무조건적인 사랑과 충성심은 나에게 큰 영감을 주었습니다. 그녀는 나에게 무엇이든 할 수 있다고 믿게 해 주었고, 나 역시 그녀를 위해 언제나 최선을 다하려고 노력했습니다. 그녀의 사랑은 우리 가족을 더욱 풍요롭게 만들었고, 나는 그 사랑에 보답하려고 노력하고 있습니다. 시간이 흐르면서, 골든과 함께한 삶은 서로에 대한 깊은 사랑의 이야기로 가득해져 가고 있습니다. 그녀의 믿음과 충실함은 나에게 영원한 가치를 주었고, 그녀의 사랑은 나의 삶을 더욱 풍요롭게 만들어 주고 있습니다. 골든과 함께하는 삶은 나에게 무한한 행복을 주는 이야기로 남을 것입니다. 우리의 아름다운 행복 이야기는 여전히 계속되고 있습니다. 믿음과 사랑의 깊어짐을 함께한 골든과의 이야기는 나에게 큰 행복을 주고 있으며, 그 행복은 앞으로도 계속될 것입니다.

제2장

닥스 훈트 "히트"와 함께: 끈끈한 우정의 결과

우리 집에 "히트"라는 작고 귀여운 강아지가 들어온 지 어느덧 7년이 흘렀습니다. 그동안 그녀는 우리 가족의 일원으로서 우리 삶에 큰 변화를 가져왔고, 그 결과로 많은 행복한 순간들이 함께했습니다. 이제는 그녀의 존재가 당연한 일상 속에서 그녀의 얘기를 통해 끈끈한 우정의 결과를 함께 고백하고자 합니다.

나는 히트를 입양한 첫 날, 그녀의 작은 몸집과 귀여운 외모에 빠져들었습니다. 그녀의 작은 몸집에 비해 긴 귀는 첫눈에 바로 마음에 들었고, 그녀의 활달한 모습은 우리 집을 환하게 밝혔습니다. 하지만 그녀의 성격은 단순히 귀여움 이상이었습니다. 그녀의 작은 몸집에 담긴 끈기와 용기는 나를 무척이나 놀라게 했습니다. 처음엔 주위의 사물과 사람들에게 호기심을 가지며 활기차게 뛰어다니던 히트는 시간이 지날수록 우리의 생활에 익숙해져 가고 있었습니다. 그녀와 함께하는 시간은 단순한 돌봄 이상의 의미를 가지게 되었습니다. 아침의 상쾌한 산책, 저녁의 소중한 놀이 시간, 그리고 그 사이에 있는 무수한 애정 어린 시간들은 점점 우리의 마음을 가까워지게 하고 있었습니다.

첫 번째 에피소드입니다. 나는 히트와 함께하는 시간을 통해 끈끈한 우정을 쌓아 가기 시작했습니다. 그녀의 행동, 습관, 그리고 특별한 개성을 알아 가면서 서로를 더욱 잘 이해하게 되었습니다. 그녀는 나의 기분을 읽어 주며 나의 기쁨과 슬픔을 함께 나누어 주었고, 나 역시 그녀에게는 항상 고마움과 행복을 느끼게 되었습니다.

이러한 끈끈한 우정의 결과로 히트와 함께하는 삶은 보다 풍요로워져 가고 있습니다. 그녀와 함께하는 산책은 나에게 자연과의 소통을 느끼게 해 주었고, 그녀의 무조건적인 사랑은 나에게 자신을 받아들이고 사랑받을 수 있는 특별한 경험을 선물해 주었습니다.

두 번째 에피소드입니다. 히트와 함께하는 시간은 우리 가족 간의 유대감을 더욱 강화시켜 주었습니다. 그녀를 사랑하고 돌봄으로써 우리는 서로를 더 존중하고 이해하게 되었습니다. 그리고 더 나아가, 히트는 우리 가족의 연결고리가 되었습니다. 바쁜 일상 속에서도 그녀의 존재는 우리 가족을 하나로 묶어 주는 중요한 원동력이 되었습니다. 히트와 함께하는 활동들은 우리가 더 가까워지고 서로를 이해하는 계기가 되었습니다. 그녀의 무심한 눈빛 하나하나가 우리에게 큰 위안을 주었고, 어려움이 닥쳤을 때 그녀의 상냥한 모습은 우리를 격려해 주었습니다.

세 번째 에피소드입니다. 하지만, 모든 것이 항상 원만하게 흘러가는 것만은 아니었습니다. 히트도 우리와 마찬가지로 건강 문제와 어려움을 겪을 때가 있었습니다. 그럴 때마다 우리는 그녀를 돌보며 서로에게 더 큰 지지를 주었습니다. 그녀의 병을 치료하며 우리는 힘들지만 끈기 있게 이겨 냈습니다. 그녀로 인해 더욱 강해진 우리의 우정은 이전보다 더 튼튼하고 깊어져 가고 있었습니다.

이러한 끈끈한 우정의 결과로 히트는 이제 나의 삶의 행복한 한 축이 되었습니다. 그녀의 존재는 나에게 무한한 웃음과 기쁨을 주며, 어려운 순간에도 나에게 힘이 되어 주고 있습니다. 그녀는 나의 가장 믿음직한 친구이자, 가장 충실한 동반자가 되었습니다. 그녀의 사랑과 충성심은 나에게 무한한 행복을 선물해 주고 있으며, 그녀의 존재는 나의 삶에 큰 풍요를 더해 주고 있습니다. 그녀가 나에게 얼마나 특별한 존재인지 일일이 설명할 수 없을 정도로 지금은 나에게 큰 영향을 미치고 있습니다.

말티즈 "미미"와 함께: 끝없는 배움, 반려동물의 세계 속으로

우리 가족에게는 특별한 가족 구성원이 있습니다. 그 이름은 "미미"입니다. 미미는 우리의 사랑스러운 말티즈 반려견입니다. 그녀와 함께한 시간은 단순히 반려동물을 키우는 것 이상의 의미를 지니며, 그 특별한 이야기를 공유하고자 합니다.

미미는 우리 가족에 합류한 지 얼마 되지 않았을 때부터 우리에게 무한한 행복을 안겨 주었습니다. 그녀의 유쾌한 웃음소리와 귀여운 모습은 우리 집을 환하게 밝히고, 그녀의 존재는 우리 일상을 더욱 풍요롭게 만들어 주었습니다. 하지만 미미와 함께한 삶은 단순한 행복 이상으로, 끊임없는 배움과 자기 성장의 기회를 제공해 주었습니다.

처음에는 미미를 돌보는 것이 쉬울 것이라고 생각하였었지만, 실제로는 그녀에게 가르치고 배우는 과정에서 우리가 더 많은 것을 배우게 되었습니다. 미미는 우리에게 어떤 상황에서도 긍정적으로 대처하고, 언제나 사랑과 충성을 가장 먼저 보여 주는 것을 가르쳐 주었습니다. 그녀의 무한한 에너지와 호기심은 우리를 끊임없이 활기차게 만들었고, 우리는 미미와의 삶에서 행복을 찾기 시작했습니다.

첫 번째 에피소드는 미미가 우리 집에 처음 왔을 때의 이야기입니다. 그 작은 몸집에 비해 그녀의 호기심은 엄청났습니다. 우리 집 안의 모든 것이 그녀에게는 탐험할 가치가 있는 대상이었습니다. 우리가 먹는 음식부터 신발까지, 모든 것을 미미는 자신의 세계에서 새롭게 발견하는 것처럼 다가왔습니다. 그녀의 호기심은 우리에게 항상 새로운 물건을 사 오게 했고, 우리는 그녀를 통해 일상의 소중함을 잊지 않게 되었습니다.

두 번째 에피소드는 미미와의 산책 시간입니다. 미미와 함께하는 일상은 끊임없는 발견의 순간들로 가득합니다. 매일 저녁, 미미와 함께 동네를 걷는 것은 우리 가족에게 큰 행복을 가져다주고 있습니다. 그녀의 호기심과 경계심은 나에게 새로운 시각을 제공해 주었습니다. 산책을 나가면 미미는 작은 것 하나하나에 흥미를 느끼며 주변을 탐색합니다. 이를 통해 나는 주변 환경을 더 깊이 관찰하고 감사하는 마음을 키워 가게 되었습니다. 또한 미미의 존재 자체가 얼마나 작은 순간들이 큰 행복을 만들어 낼 수 있는지를 깨닫게 해 주었습니다. 그녀의 작은 발자국이 나에게 활력을 불어넣었고, 산책하는 동안 그녀와 함께 보내는 시간은 스트레스 해소의 최고 순간이었습니다. 그러면서 나는 자연의 아름다움을 다시 발견하게 되었고, 미미와의 대화를 통해 일상의 깊은 생각을 나눌 수 있게 되었습니다.

세 번째 에피소드는 미미와의 훈련 시간입니다. 처음 미미를 입양한 순간, 나는 반려동물을 키우는 것이 얼마나 큰 책임인지를 미처 깨닫지 못하고 있었습니다. 미미는 작고 귀여운 외모 뒤에 예민한 성격을 지니고 있었습니다. 나는 그녀의 민감한 성향에 맞게 훈련과 관리를 신중히 해야 했습니다. 이를 통해 나는 꾸준한 노력과 인내가 얼마나 중요한지를 배웠습니다. 훈련의 결과, 미미는 나에게 그 어떤 것보다도 헌신적이고 충실한 친구로 다가왔습니다. 미미를 키우면서 나는 얼마나 많은 것을 배우는지 깨닫게 되었습니다. 그녀의 훈련 과정은 때로는 어렵고 힘들기도 했지만, 나는 인내와 사랑을 통해 함께 성장하고 있습니다. 미미와 함께하는 훈련은 나에게 책임감과 협력의 중요성을 가르쳐 주었습니다.

이와 같이 미미와 함께한 시간은 나에게 끝없는 배움의 기회를 제공해 주고 있습니다. 그녀의 감정과 행동을 이해하려 노력하면서 나는 동물의 세계와 연결되고, 무엇보다 삶의 가치와 행복을 다시 생각하게 되었습니다. 그녀의 충실함과 사랑은 나에게 언제나 힘을 주었고, 그녀의 존재는 우리 가족의 삶을 더 풍요롭게 만들어 주고 있습니다. 또한, 미미와 함께한 삶은 나에게 끝없는 행복의 출처가 되고 있습니다. 그녀는 나의 가장 선량한 가족 구성원 중 하나로 자리매김하였고, 나의 삶을 더욱 풍요롭게 만들어 주었습니다. 그녀의 존재를 통해 나는 끊임없는 배움과 자기 성장의 기회를 발견하였으며, 반려동물의 세계 속으로 더욱 깊이 빠져들게 되었습니다. 그녀의 사랑과 충성은 나에게 큰 위안과 행복을 선사해 주고 있으며, 그 속에서 나는 더 나은 사람이 되어 가고 있습니다. 미미와의 이 모든 순간들이 쌓여 만든 행복의 삶 속에서, 나는 감사와 만족을 느끼며 앞으로의 여정도 함께 하고자 합니다.

제4장

푸들 "뽀로로"와 함께: 반려동물의 성장과 나의 변화

우리 집에 "뽀로로"라는 작은 가족 구성원이 합류한 지 벌써 10년이 흘렀습니다. 처음엔 그저 귀여운 강아지 하나였지만, 시간이 지남에 따라 그는 우리 가족의 중심 역할을 하게 되었습니다. 그리고 그동안의 경험을 통해 나는 반려동물과 함께하는 삶이 얼마나 풍요로울 수 있는지를 배우게 되었습니다. 처음 푸들을 입양했을 때, 나는 그가 내 삶에 어떤 영향을 미칠지 미처 몰랐습니다. 단지 귀엽고 사랑스러운 강아지로만 생각하였었습니다. 그러나 그의 성장과 함께, 그리고 그와의 시간이 흐름에 따라 나의 변화도 이루어지기 시작했습니다. 뽀로로와의 이야기는 나의 삶에서 가장 큰 행복 중 하나이며, 그가 나에게 준 사랑과 배움은 영원히 간직하고 싶습니다. 그와 함께한 모든 순간이 행복과 성장의 이야기였습니다.

첫 번째 변화는 나의 인내심과 책임감이 강화되었습니다. 뽀로로를 키우면서 나는 그에게 무엇인가를 가르치고 돌봐야 한다는 책임감을 갖게 되었습니다. 그것은 쉽지만은 않았습니다. 그러나 그 과정에서 나는 더 나은 책임감을 키우고, 다른 이의 필요를 이해하는 더 큰 인내심과 이해력을 얻게 되었습니다. 처음에는 반려동물을 키우는 것이 쉽지만은 않았습니다. 뽀로로와의 시간은 책임과 헌신을 필요로 했습니다. 병원에 가는 일, 꾸준한 관리와 교육, 그리고 뽀로로의 불안을 진정시키는 데 헤아릴 수 없이 많은 노력이 필요하였었습니다. 그러나 그 노력들이 결실을 맺을 때마다, 나는 보람을 느꼈고 뽀로로와 동반자로서의 유대감을 더 깊게 느낄 수 있었습니다.

두 번째 변화는 나의 자기 관리와 조절 능력이 향상되었습니다. 푸들은 알려진 대로 지능적이고 활발한 성격의 견종인 것 같습니다. 그래서인지 뽀로로를 키우면서 나는 많은 것을 배우게 되었습니다. 뽀로로는 학습하기를 좋아하며, 그 결과로 나는 더 나은 소통 능력을 개발하게 되었습니다. 뽀로로와 함께하는 시간은 나에게 자기 관리와 조절 능력을 향상시키는 기회를 제공하고 있습니다. 뽀로로와 함께하는 10년이 지난 지금, 그는 크게 자랐습니다. 그의 성장은 나에게 다양한 방면으로 큰 영향을 미치고 있습니다. 그것은 마치 우리의 삶이 함께 더 크게 자라고 있다는 것을 상기시켜 줍니다. 뽀로로와 함께한 지난 10년 동안 나는 더 나은 사람으로 성장하게 되었습니다. 그의 사랑은 나에게 무한한 행복을 주었고, 함께한 경험은 나를 더 나은 사람으로 만들고 있습니다.

세 번째로, 뽀로로와 함께하는 시간은 내 스트레스를 감소시켜 주었습니다. 뽀로로는 항상 나를 따라다니고, 그의 무조건적인 사랑과 충성은 나에게 큰 안정감을 주었습니다. 매일 뽀로로와 산책을 하거나 놀이를 할 때, 나는 일상의 스트레스를 잊을 수 있었고, 그 결과 더 건강하고 행복한 삶을 살 수 있었습니다. 뽀로로를 키우면서 나의 일상적인 활동도 변화했습니다. 매일 아침 산책을 시작하면서 나는 더욱더 건강해졌고, 밖에서 새로운 사람들과 소통하게 되었습니다.

네 번째 변화는 관계의 깊이였습니다. 처음 만났을 때의 뽀로로는 작고 소심한 모습이었습니다. 그러나 그 작은 몸에는 끝없는 활력과 호기심이 숨어 있었습니다. 그동안 함께 보낸 시간은 뽀로로가 성장하며 그의 성격이 성숙해지는 과정을 목격한 시간이었습니다. 어릴 때는 조심스러운 성격이었지만, 점차 용감하고 사교적으로 변해 갔습니다. 그의 성장은 나에게 용기를 주고 있습니다. 뽀로로가 새로운 환경이나 상황에 적극적으로 접근하는 모습을 보면서, 나도 두려움을 극복하고 새로운 도전에 나서게 되었습니다. 또한, 그가 꼬리를 흔들며 기뻐하는 모습, 그의 눈빛 속에 담긴 충실함을 보면서 나는 어떻게 사랑을 나타낼 수 있는지를 배우게 되었습니다. 그리고 그것은 나의 인간관계에도 영향을 주었습니다. 뽀로로 덕분에 나는 더 풍부한 인간관계를 가질 수 있게 되었고, 사랑과 이해가 얼마나 중요한지를 깨닫게 되었습니다.

다섯 번째 변화는 일상에 대한 감사입니다. 뽀로로와의 일상은 지루하지 않았습니다. 그의 미소와 끊임없는 놀이는 나에게 행복감과 웃음을 선사해 주었습니다. 그리고 그의 배려심을 보면서 나는 주변 사람들에게 더욱 다정한 마음을 갖게 되었습니다. 뽀로로는 말로 표현할 수 없는 감정을 귀여운 행동과 눈빛으로 나에게 전달해 주곤 했습니다. 그의 존재는 나에게 외로움을 잊게 해 주었고, 어떤 어려움이든 이겨 내게 해 주는 힘이 되었습니다. 또한, 뽀로로는 나에게 새로운 관심사와 취미를 소개해 주었습니다. 그의 활기찬 에너지와 탐구 정신은 나를 자연과 야외 활동으로 이끌어 주었습니다. 뽀로로와 함께하는 등산, 캠핑, 수영장, 해변 피크닉은 나에게 많은 야외 활동의 기회를 제공해 주었고, 이를 통해 새로운 취미와 관심사를 발견할 수 있었습니다.

시간이 흐름에 따라 나와 뽀로로는 서로에게 긍정적인 영향을 주며 변화해 가고 있습니다. 결론적으로, 뽀로로와 함께한 삶은 나를 더 나은 사람으로 만들어 주고 있습니다. 그의 사랑과 충성, 그리고 그와의 경험을 통해 나는 책임감을 배우고, 스트레스를 관리하는 법을 익히고, 더 깊고 의미 있는 관계를 형성하는 방법을 알게 되었습니다. 그리고 그는 나에게 새로운 삶의 방향과 열정을 안겨 주었습니다. 그의 성장과 변화를 지켜보면서 나도 성장하고 발전할 수 있었고, 그의 사랑과 충성은 어떠한 어려움에도 굴하지 않는 힘이 되어 주었습니다. 뽀로로와 함께 한 경험은 나에게 인내와 사랑, 책임감을 가르쳐 주었고, 그의 영향력은 나의 삶에 긍정적인 변화를 가져왔습니다. 뽀로로와 함께한 이 행복한 여정은 나에게 큰 축복이었고, 나의 삶에 무한한 행복을 가져다주고 있습니다.

말티푸 "토미"와 함께: 어려움을 극복하며 함께하는 경험들

처음 "토미"를 입양한 날, 우리 모두는 서로에 대해 아무것도 모르는 채로 시작하였었습니다. 하지만 시간이 흐를수록 그 작은 몸집에 커다란 사랑이 깃들어 갔습니다. 처음에 토미는 사람들을 만나는 것을 두려워했었고, 함께 시간을 보내는 것 마저도 쉽지 않았었습니다. 그러나 시간이 흐를수록, 서로에게 익숙해지며 더 가까워지고 있습니다. 이 작은 친구는 우리 가족에게 큰 변화를 가져다주었고, 그동안 함께한 여러 어려움을 극복하며 우리 삶에 큰 행복을 선물해 주고 있습니다.

첫째, 초기의 어려움은 토미의 적응 기간이었습니다. 토미는 새로운 환경과 사람들 사이에서 길들여지는 데 시간이 상당히 걸렸습니다. 그는 가끔 나를 꺼리고, 가끔은 짖음 소리로 주변을 알리려 했습니다. 이를테면, 밤에는 우리 가족 중 누군가가 귀가할 때마다 환영의 짖음 소리로 모든 가족 구성원들을 깨웠었습니다. 처음 몇 주 동안은 밤잠을 자기도 힘들었었습니다. 그러나 시간이 지남에 따라 우리는 서로에게 더 가까워졌습니다. 토미는 우리 가족의 생활 스케줄과 일상에 적응하고, 우리 또한 그의 신호와 언어를 이해하려고 노력했습니다. 대략 16주에 걸친 훈련과 긍정적인 보상 강화를 통해 토미는 짖음을 조절하고 우리와 함께 있는 시간을 즐기기 시작했습니다.

둘째, 처음에는 훈련이 어려웠습니다. 처음 토미를 입양한 때, 우리 가족은 반려동물 키우기에 대한 경험이 거의 없었습니다. 그래서 처음에는 많은 어려움이 있었습니다. 토미는 활발하고 호기심 많은 성격을 가졌기 때문에 집 안을 뒤집어 놓는 것은 물론, 훈련도 어려웠습니다. 하루 종일 집안일과 토미를 돌보느라 정신적, 신체적으로 힘들었지만, 나는 그 어려움을 극복하기로 결심했습니다. 토미는 까다로운 성격을 가지고 있었고, 화장실 훈련과 기본적인 명령어 학습에 많은 시간이 걸렸습니다. 하지만 나는 인내와 사랑을 가지고 지속적으로 훈련을 진행했습니다. 서로에 대한 이해와 신뢰가 깊어짐에 따라, 토미와의 삶은 점점 더 원만해지고 있습니다.

셋째, 토미의 건강 문제에 직면했던 적도 있었습니다. 어느 날, 토미가 갑자기 아픈 증세를 보였습니다. 정확한 원인을 찾기 위해 수많은 병원을 찾아다니며 며칠 밤을 새웠습니다. 그동안의 걱정과 불안함은 이전에 느껴 보지 못했던 정도였습니다. 하지만 그 어려움을 함께 극복하며 우리 사이의 신뢰는 더욱 깊어져 갔습니다. 수많은 시행착오 끝에 정확한 진단을 받고 적절한 치료로 토미는 다시 건강해졌습니다. 그 순간의 기쁨은 이루 말할 수 없는 행복이었습니다. 물론, 병원 비용 때문에 스트레스가 많이 쌓였지만, 그 경험은 나에게 책임감과 관심을 더욱 강화시켰습니다. 토미는 우리의 가족 구성원 중 하나로서, 그를 위해 최선을 다할 의무를 느꼈습니다. 그 결과, 토미는 지금은 건강하게 성장하고 행복한 삶을 살고 있습니다.

넷째, 일상의 루틴의 변화였습니다. 아침 일찍 일어나 산책해야 하는 것, 산책하며 새로운 곳을 탐험하는 것, 눈을 감고 귀 기울여 토미의 작은 호흡 소리를 듣는 것, 그리고 함께 누워 마주 보며 시간을 보내는 것 등 이 모든 것들이 처음에는 무척이나 어려웠었지만, 지금은 나에게 큰 행복을 선사해 주고 있습니다. 토미가 주는 무조건적인 사랑과 충실한 동반자로서의 존재는 어떤 어려움이든 극복할 수 있는 힘을 나에게 준 것 같았습니다. 우리는 함께 어려움을 극복하며 성장해 왔습니다. 토미를 통해 배운 책임감과 헌신, 그리고 고난을 함께 이겨 내는 강인함은 나의 삶 전반에 긍정적인 영향을 미치고 있습니다. 무엇보다도, 토미를 통해 느낀 행복은 물질적인 것이나 외부의 성공으로는 얻을 수 없는 깊은 만족감을 선사해 주었습니다.

다섯째, 이 모든 어려움과 희생 뒤에 나는 토미와 함께한 순간마다 큰 행복을 느낍니다. 그의 사랑스러운 모습과 충실한 마음은 나에게 끝없는 기쁨을 주고 있습니다. 그가 나에게 가르쳐 준 것 중 하나는 인내와 사랑의 중요성입니다. 처음 몇 주 동안, 토미와의 관계는 서로에 대한 이해를 키우는 과정이었습니다. 서로 어떻게 소통할지를 배우고, 서로에게 어떤 것들을 기대할 수 있는지를 알게 되었습니다. 훈련 과정은 시간과 인내를 요구했지만, 토미가 점점 더 어른이 되면서 나의 노력이 열매를 맺었습니다. 그의 사랑스러운 모습, 춤추는 꼬리, 그리고 나를 반겨 주는 모습은 매일 기분 좋게 해 주었습니다. 또한, 그를 통해 나는 삶을 더 단순하게 그렇지만 풍요롭고 의미 있게 살아가게 되었습니다. 토미의 필요에 따라 나는 더욱 더 주의를 기울이게 되었고, 이는 우리 일상생활에서도 나타났습니다.

또한, 토미와 함께 어려움을 극복한 경험은 우리 가족을 더 강하게 만들어 주었습니다. 어려운 시기에도 함께 노력하고 서로를 지지하는 것의 중요성을 깨닫게 해 주었습니다.

토미와 함께한 삶은 어려움과 행복의 조화입니다. 그를 통해 나는 더 많은 책임을 지게 되었지만, 그것은 나에게 큰 보람을 주고 있습니다. 그는 내 삶의 일부로서 더 큰 의미와 연결감을 주며, 그의 사랑은 나를 더 나은 사람으로 만들어 주고 있습니다. 따라서 반려동물 토미와 함께한 삶은 나의 행복과 성장을 위한 특별한 여정입니다. 그의 사랑과 충성은 나에게 끝없는 행복을 주며, 그가 내 곁에 있는 한, 나는 그의 곁에서 행복한 인생을 즐기며 어떤 어려움도 극복할 자신이 있습니다.

제6장

진돗개 "태양"과 함께: 처음으로 나누는 특별한 순간들

우리 집에 "태양"이라 불리는 씩씩하고 아름다운 진돗개 강아지 한 마리가 들어왔을 때, 우리 가족의 삶은 완전히 달라지기 시작했습니다. 처음에 그를 만났을 때, 그는 어린 강아지였습니다. 작은 몸집에 매력적인 눈빛과 활발한 몸놀림, 그리고 앞다투어 주인의 사랑을 구하는 손길로 우리 가족을 매료시켰습니다. 그 순간, 우리는 그를 우리 가족의 일원으로 받아들였습니다. 그리고 그와의 특별한 순간들이 우리 삶에 더해져 행복을 가득 채우고 있습니다.

첫 번째 특별한 순간은 그가 우리 집으로 처음 왔던 날 첫 만남의 순간이었습니다. 그날은 비가 내려서 걱정스러운 마음과 함께 기다렸었습니다. 유기견 보호센터에서 그를 데려온 순간, 작은 진돗개 태양이는 꼬리를 흔들며 활짝 웃는 듯한 표정으로 나를 맞이하였습니다. 그 순간, 나는 진짜 반려동물을 얻은 기분이 어떤 것인지 알았고, 신비롭고 황홀한 감정을 느꼈습니다. 나는 첫눈에 그의 귀여운 얼굴과 총명해 보이는 눈, 활력 넘치는 몸놀림에 감동을 받았고, 그와 함께 보낼 모든 순간들이 특별해질 것임을 알았습니다.

두 번째 특별한 순간은 집에 들어와서 그를 우리 집에 적응시키는 것이었습니다. 새로운 집, 새로운 사람들, 새로운 루틴에 적응하는 것은 많은 시간과 노력이 필요했습니다. 그러나 그 노력이 보람 있었습니다. 그가 꼬리를 흔들고 새로운 환경에서 안전하게 느끼게 해 주는 것은 나에게 큰 기쁨이었습니다. 처음으로 집으로 데려왔을 때, 그 작은 몸집에도 불구하고 그 무게는 내 가슴을 가득 채웠습니다. 그렇게 시작된 나와 태양의 이야기는 서서히 소중한 순간으로 가득해졌습니다. 우리의 첫눈 맞이 티타임, 그리고 마침내 처음으로 나눈 특별한 순간들, 그중에서도 가장 감동적이었던 것은 태양의 처음 미소였습니다. 처음에는 어색해 하던 태양이 서서히 나에게 다가오며, 입꼬리를 올려 웃는 모습은 마치 작은 기적이었습니다. 태양과 함께 보낸 시간은 점점 늘어 갔고, 나에겐 그 자체로 큰 행복이 되었습니다. 태양의 호기심 가득한 눈빛을 보며 새로운 곳을 탐험하고, 함께한 추억을 만들어 가는 것은 내게 무척 소중한 시간이었습니다. 그의 존재는 나를 더 책임감 있게 만들어 주었고, 함께하는 시간마다 새로운 것을 배우게 해 주었습니다.

세 번째 특별한 순간은 태양과 함께하는 첫 번째 산책이었습니다. 그의 목줄을 달아 주고 나가는 순간, 그는 신나게 뛰며 주위를 탐험하기 시작했습니다. 나는 그의 무지막지한 순발력을 따라가며 웃음을 터뜨렸고, 그의 무한한 호기심에 감동받았습니다. 그 순간, 동네를 함께 돌아다니며 자연과 함께하는 시간이 얼마나 소중한지 깨닫게 되었습니다. 태양이는 에너지 넘치는 진돗개 종류이기 때문에 외부 활동을 즐기는 것이 중요했습니다. 그의 열정적인 모습을 보면서 나는 자연을 느끼며 행복을 느꼈습니다. 태양이가 풀밭에서 뛰어노는 모습, 꼬리를 흔들며 산책하는 모습은 나에게 무한한 기쁨을 주고 있습니다.

네 번째 특별한 순간은 그와 함께하는 시간 중에 생겼습니다. 그는 내가 슬플 때, 기뻐할 때, 화낼 때 모두 함께했습니다. 나의 충실한 동반자로서, 그는 나의 감정을 이해하고 공감해 주었습니다. 그냥 그의 곁에 있을 때, 모든 스트레스와 걱정이 사라지고 평온한 순간을 누릴 수 있었습니다. 또 하나의 특별한 순간은 그의 애정 표현이었습니다. 매일 아침, 그는 일어나자마자 내게 다가와 꼬리를 살랑이며 애틋한 눈으로 쳐다봅니다. 그때마다 내 마음은 따뜻해집니다. 그가 내게 주는 사랑은 말로 표현할 수 없이 크고 소중한 것입니다.

다섯 번째 특별한 순간은 그가 우리 가족에게 가르쳐 준 것들 중 하나입니다. 태양이는 충실성, 존중, 관심, 그리고 삶을 즐기는 법을 가르쳐 주었습니다. 나는 그를 통해 참으로 많은 것을 배웠고, 그를 통해 더 나은 사람이 되었습니다.

태양이와 함께한 여러 해가 흘러, 그의 성장과 나의 변화가 함께 어우러져 가고 있습니다. 그와 함께하는 동안, 인내와 관심을 가지며 서로에게 의지하고 배려하는 소중함을 깨닫게 되었습니다. 그리고 가끔은 우리만의 작은 소통을 나누며, 그의 눈빛과 움직임을 통해 그가 원하는 것을 알아차리기도 합니다.

태양과 함께했던 이 특별한 순간들은 나의 삶을 더 풍요롭게 만들어 주었고, 행복을 더 많이 느낄 수 있게 해 주고 있습니다. 태양과 함께하는 삶은 끊임없는 성장과 감동의 연속입니다. 처음 만난 그 특별한 순간부터 현재까지의 모든 순간들은 나에게 큰 행복을 선사해 주었습니다. 태양과의 이야기는 단순한 반려동물과의 관계를 넘어서, 진정한 친구와 함께한 소중한 인생의 여정 이야기입니다. 그의 충실한 눈빛은 어떤 어려움이나 지난 시간을 초월하여 항상 나를 위로하고 격려해 주는 것 같습니다. 이 모든 특별한 순간들은 나에게 평생 잊지 못할 소중한 보물이 되었습니다. 그의 존재는 나에게 큰 축복입니다. 태양과 함께하는 이 특별한 순간들을 위해 나는 매일을 감사한 마음으로 살고 있습니다. 앞으로도 계속해서 함께할 많은 행복한 순간들을 기대하며 나의 태양과의 이야기는 계속 더해 갈 것입니다.

제7장

시츄 "맥스"와 함께: 떠남에 대한 슬픈 이별과 추억의 소중함

우리 삶에는 간직하고 싶은 소중한 순간들이 있습니다. 그중에서도 가장 따뜻하고 감동적인 순간 중 하나는 반려동물과 함께한 시간이 아닐까 싶습니다. 나의 반려동물인 "맥스"와의 행복한 이야기를 공유하며, 떠남에 대한 슬픈 이별과 추억의 소중함에 대해 생각해 보고자 합니다.

어린 시절, 나는 맥스를 처음 만났습니다. 그 작고 귀여운 외모와 사랑스러운 눈빛에 나는 순식간에 그에게 빠져들었습니다. 그 순간부터 나의 삶은 태양처럼 환해져 가기 시작했습니다. 맥스와 함께한 날들은 늘 행복으로 가득하였었습니다. 그의 발길을 따라 산책하고, 함께 노는 시간은 나에게 큰 위안을 주었습니다. 어떤 어려움이 있어도 그와 함께하면 모든 것이 해결되는 듯한 기분이었습니다.

처음 만났을 때, 그의 작은 몸집과 귀여운 눈빛은 우리 가족을 사로잡았습니다. 그리고 그의 사랑스러운 개성과 활기찬 에너지는 우리 집을 항상 밝고 활기차게 만들어 주었습니다. 맥스는 우리 집에서 큰 역할을 하면서도 작은 몸집으로 우리에게 큰 행복을 가득 주었습니다. 그가 주는 사랑은 단순한 반려동물의 것이 아니라 진정한 가족 구성원으로서의 자리를 차지한 것 같았습니다.

그러나 삶은 때로 예상치 못한 변화를 가져옵니다. 맥스는 나이가 들면서 건강이 점점 나빠지기 시작했습니다. 수년 동안의 진료와 치료에도 불구하고 그의 건강 상태는 나아지지 않았고, 결국 나는 그를 떠나보내야 했습니다. 맥스와 함께 행복했던 시간은 눈 깜짝할 사이에 지나가 버리고, 우리에게 돌아오는 마지막 여름이 다가왔습니다. 이별의 그 순간은 우리 가족에게 큰 상실감과 슬픔을 안겨 주었습니다.

그러나 이별은 때로는 인생의 일부분이며, 이것을 받아들이고 헤아려 나가야 한다는 것을 깨닫게 되었습니다.

맥스와의 이별은 나에게 그동안 함께한 행복한 순간들을 돌이켜 보게 했습니다. 그 작은 몸집으로 나에게 큰 사랑을 주었던 그를 향한 감사함과 애정은 더욱 깊어져만 갔습니다. 맥스가 떠난 뒤에도, 나는 항상 그를 기억하며 그와의 행복한 추억을 공유하고 있습니다. 그가 나에게 남긴 것은 사랑과 행복의 추억뿐이었습니다. 그러나 이별은 끝이 아니었습니다. 그동안 함께한 소중한 순간들, 그의 사랑과 충실한 모습은 영원히 나의 마음에 각인되어 있었습니다. 핸드폰 사진첩에 담긴 맥스와의 추억은 나에게 큰 위로가 되었고, 그가 나의 삶에 미친 긍정적인 영향을 계속해서 느끼게 되었습니다.

이별의 아픔을 겪으면서 느낀 것은 추억의 소중함이었습니다. 그동안 맥스와 함께한 모든 순간들이 하나의 보물처럼 내 안에 간직되어 있다는 사실을 깨닫게 되었습니다. 그의 웃음과 눈빛, 그리고 함께한 모든 경험들이 나를 더 풍요롭게 만들어 주었습니다. 이제는 그 추억들을 통해 그의 존재와 그와 함께한 행복한 시간을 떠올릴 수 있습니다. 맥스와의 이별은 나에게 떠남에 대한 슬픈 경험을 알려 주었지만, 그 경험을 통해 나는 인생의 소중함과 더불어 떠남의 순간을 깊이 생각하게 되었습니다. 우리는 누구나 떠남을 피할 수는 없지만, 그 떠남을 통해 얻는 가르침과 추억은 영원히 우리와 함께하게 된다는 것을 깨닫게 되었습니다. 이별은 언젠가 찾아올 수밖에 없는 현실이지만, 그것은 우리가 경험한 행복과 사랑을 더욱 가치 있게 만들어 주기도 합니다. 맥스와 함께한 삶은 그가 떠난 뒤에도 나에게 행복한 이야기를 전해 주었고, 그의 존재는 나에게 언제까지나 소중한 것으로 남아 있을 것입니다.

떠난 후에도, 그의 존재는 나에게 큰 영감을 주고 있습니다. 그의 무궁무진한 에너지와 긍정적인 태도는 나에게 힘을 주고 있으며, 어려운 순간에도 끝없는 희망을 알려 주고 있습니다. 그는 나에게 삶의 소중함과 이별의 무게를 깨닫게 해 준 은인입니다. 이제 그의 떠남에서 나는 그에 대한 추억을 품고, 나의 삶을 계속하고자 합니다. 그 추억은 슬픔보다는 오히려 큰 기쁨과 행복으로 기억되며, 그의 흔적은 우리 가족에게 영원히 사라지지 않을 것입니다. 이별은 아픈 감정을 안겨 주었지만, 그 안에는 소중한 추억과 함께한 행복이 함께 있다는 것을 나는 새삼스럽게 깨닫게 되었습니다. 맥스와 함께한 삶은 나에게 큰 행복을 주었고, 그의 떠남은 나에게 큰 교훈을 선사했습니다. 이제 나는 그와의 행복했던 추억을 간직하며 앞으로 나아가고, 나의 남아 있는 삶의 모든 순간을 더욱더 소중히 여기고자 합니다. 그의 떠남은 나에게 큰 이별이었지만, 또한 그의 생애를 통해 배운 소중한 가르침이기도 했습니다. 이러한 추억과 교훈을 가슴에 품고, 나는 맥스와 함께했던 행복한 이야기를 영원히 간직하고자 합니다. 그리고 그에게 감사의 마음을 전합니다.

제8장

비숑 프리제 "레오"와 함께: 이별 준비와 마지막 순간의 대처

우리 집에 "레오"가 찾아온 지 어느덧 10년이 흘렀습니다. 그동안 그와 함께한 시간은 삶의 가장 행복한 순간들 중 하나였습니다. 레오는 우리 가족의 일원이 되어, 우리 생활에 미소와 사랑을 가득 주었습니다. 그런데, 모든 것에는 끝이 있다는 사실을 마주해야 했던 순간이 있었습니다. 레오와의 작별을 준비하고 마지막 순간을 대처하는 것은 어려운 과정이었습니다. 그러나 이 경험은 나에게 많은 것을 가르쳐 주었습니다. 이제 그 행복한 이야기를 공유하고자 합니다.

첫 번째 에피소드는 이별의 임박에 대한 직감이었습니다. 레오와의 일상은 언제나 풍요로웠습니다. 아침마다 꼬리를 흔들며 나를 맞이하던 그 모습은 언제나 소소한 행복의 시작이었습니다. 함께하는 산책, 장난감 놀이, 따스한 낮잠 시간은 모두가 소중한 추억으로 쌓여 갔습니다. 레오는 우리 집에 활기를 불어넣어 주며, 어려운 날도 따뜻하게 밝혀 주었습니다. 그러나 모든 것은 영원하지 않은가 봅니다. 세월은 레오에게도 찾아오는가 봅니다. 레오도 점차 나이를 먹고, 건강상의 문제가 나타나기 시작했습니다. 어느 날, 동물 병원 의사와의 대화에서 나는 레오의 상태가 나아지지 않을 것이라는 소식을 들었습니다. 그 소식을 듣고서 레오의 변화를 주시하면서, 나는 레오와의 이별을 준비해야 하는 시기가 다가왔음을 직감하게 되었습니다. 이별에 대한 생각은 언제나 마음 아픈 주제였지만, 그 순간을 대비하면서 레오와의 편안한 마지막 시간을 만들고자 노력했습니다.

그날 이후, 나는 레오의 편안함을 최우선으로 생각하였었습니다. 레오가 불편함 없이 지낼 수 있도록 특별한 침대와 따뜻한 담요를 마련해 주었습니다. 그리고 그가 좋아하는 간식과 놀이를 준비하여 그의 마지막 며칠을 특별하게 만들어 주었습니다. 그뿐만 아니라, 나는 그에게 마지막으로 행복한 순간을 선사하기 위해 공원으로 나갔었고, 그곳에서 그가 좋아하는 것들을 모두 즐길 수 있게 해 주었습니다. 시간이 흐르면서 레오의 건강 문제가 더 심각하게 발생하게 되었습니다. 그리고 어느 날, 수의사의 말에 따르면 그의 병은 더 이상 치료할 수 없는 수준이 되었다고 하였습니다. 레오와의 이별이 더이상 피할 수 없는 상황에 다다른 것임을 직감해야만 했습니다. 처음에는 이 사실을 받아들이기가 어려웠습니다. 그러나 나는 레오에게 마지막으로 할 수 있는 모든 것을 해 주기로 결심했습니다. 그가 편안하게 느낄 수 있도록 특별한 식사를 준비하고, 그가 좋아하는 장소로 데려가 주었습니다.

두 번째 에피소드는 마지막 순간의 대처입니다. 레오의 건강 상태가 악화되면서, 그의 마지막 순간이 점점 가까워졌습니다. 그 순간을 대비하고 마음을 달랠 수 있는 방법을 찾아 노력하였습니다. 수의사와 상담을 통해 나는 어떻게 레오를 위로하고 편안하게 보낼 수 있는지에 대해 이야기를 나누었습니다. 나는 상담을 통해 레오의 건강 상태와 통증 관리에 대해 배웠습니다. 마지막 순간을 대비하여 필요한 준비물도 준비했고, 레오가 안락하고 따뜻한 환경에서 떠날 수 있도록 최대한 노력하였습니다. 그리고 우리 모두가 함께 보낼 수 있는 마지막 시간을 소중히 만들기로 결심했습니다.

그날이 왔을 때, 나는 그를 편안한 침대에 뉘우쳐 눕히고, 손을 쥐여 주며 마지막 순간을 함께했습니다. 마지막 이별의 순간이 다가왔을 때, 나는 레오가 평화롭게 떠나갈 수 있도록 그의 곁에 있었고, 그가 마지막 순간을 편안하게 보낼 수 있도록 돌보아 주었습니다. 나는 그에게 고마움과 사랑을 전하며 그의 눈을 마주 보았습니다. 그가 나의 손길을 느끼며 평화롭게 떠나갈 수 있도록 최선을 다해 노력했습니다. 그리고 어느 순간, 그의 눈에서 빛이 사라졌을 때, 내 마음은 슬픔으로 가득했지만, 동시에 그에 대한 감사함과 사랑으로도 가득했습니다. 이제 그는 더 이상 아픔을 느끼지 않고 편안하게 휴식할 수 있는 곳으로 갔습니다.

마지막 날, 나는 레오와 함께 했던 모든 순간들을 떠올렸습니다. 그 작은 몸짓 하나하나, 그 애교스러운 눈빛 하나하나가 마음에 새겨진 채 나의 마음 속에 영원히 남을 것입니다. 레오는 나에게 무한한 사랑을 준 소중한 가족이었고, 그 마지막 순간에도 그 사랑을 전달하며 떠나게 된 것 같았습니다. 레오와의 작별은 어려운 순간이었지만, 그 경험을 통해 나는 사랑과 이별, 그리고 삶의 소중함에 대해 깊이 생각해 보게 되었습니다. 레오는 나의 삶에서 특별한 존재였고, 그와 함께한 순간들은 나에게 큰 행복을 주었습니다. 레오와의 작별은 아픈 경험이었지만, 나에게 그의 사랑과 충실함을 기억하게 해 주었습니다. 그는 항상 우리 가족의 일원으로 기억될 것이며, 그와 함께한 순간들은 내 삶에서 영원히 특별한 곳을 차지할 것입니다.

시베리안 허스키 "루카스"와 함께: 코로나19 격리 기간 안타까움

코로나19 팬데믹은 우리 모두에게 예상치 못한 도전과 어려움을 안겨 주었습니다. 그중 하나는 사회적 거리두기와 격리로 인해 가족과 친구들과의 만남을 제한해야 했던 것이었습니다. 코로나19 대유행이 전 세계를 뒤흔들었던 2020년, 우리 가족은 한순간에 일상에서 벗어나 격리 생활을 하게 되었습니다. 사회적 거리두기, 마스크 착용, 외출 자제와 함께 우리의 삶은 크게 변했었고, 그중 하나는 우리 가족의 소중한 멤버인 시베리안 허스키, "루카스"와 함께하지 못한 시간이었습니다. 다음은 코로나19 격리 기간 동안 느낀 안타까움과 더불어 행복한 순간들에 대한 이야기입니다.

첫 번째 에피소드는 일상의 변화입니다. 코로나19가 유행하면서 나는 격리와 사회적 거리두기의 일환으로 집에서 더 많은 시간을 보내게 되었습니다. 이는 루카스와 함께 더 많은 시간을 보낼 수 있는 기회로 보였지만, 동시에 예상치 못한 어려움도 가져왔습니다. 집 근처의 근린공원에서의 산책과 같은 활동이 제한되자, 루카스는 눈에 보이게 활동량이 줄어들어 스트레스를 받는 것처럼 보였습니다. 코로나19로 사회적 거리두기가 한창일 때, 나는 원격 근무로 직장 업무를 수행하게 되었고, 외출을 자제

해야 했습니다. 이런 변화로 일상에서의 스트레스와 불안감이 쌓였고, 그런 때에 반려동물이 주는 위로는 정말로 큰 의미가 있었습니다. 하지만 루카스와 함께하는 야외 활동이 줄어들었고, 그것이 처음으로 느낀 안타까움이었습니다.

두 번째 에피소드는 놓친 산책과 놀이 시간입니다. 코로나19로 사회적 거리두기가 한창일 때, 루카스와 집에서 함께한 시간도 귀중했습니다. 집 안에서 뛰어노는 모습, 눈을 크게 뜨고 밖을 내다보는 행동은 매일 아침 나를 웃음 짓게 했습니다. 하지만 그런 순간들이 무엇보다도 루카스의 본능을 충족시키기에는 충분하지 않았습니다. 시베리안 허스키는 원래 추운 기후에서 활동하는 것을 좋아하는데, 그런 필요성을 충족시키지 못한 채 우리는 집에서 시간을 보내야 했습니다. 물론, 격리 기간 중, 루카스를 위해 실내에서 할 수 있는 다양한 게임과 훈련을 시도했지만, 그의 끼와 에너지를 완전히 해소시키는 것은 어려웠습니다. 그리고 이런 상황이 루카스의 건강과 행복에 영향을 미칠까 두려워하면서도 우리는 사회적 책임을 다하기 위해 집에 머물러야만 했습니다.

코로나19로 인해 공원이나 산책로에 가는 것이 어려워졌습니다. 루카스는 시베리안 허스키로서 활발하고 활기찬 성격을 가지고 있었기 때문에 이런 활동들을 통해 체력을 소모하고 스트레스를 해소하는 데 큰 도움이 되었습니다. 그러나 격리 기간 동안 이를 놓쳤다는 사실은 매번 나를 불안하게 했습니다. 그리고 격리가 끝나고 루카스와 다시 자유롭게 밖으로 나갈 수 있었을 때, 그 기쁨은 이루 말할 수 없이 컸습니다. 루카스는 마치 긴 기다림 끝에 찾아온 보상처럼 뛰어다니며 기쁨을 표현했습니다. 그 순간, 나는 루카스와 함께한 그 시간의 소중함을 다시 한번 느낄 수 있었습니다.

세 번째 에피소드는 다시 찾은 일상 루틴의 행복입니다. 코로나19 격리가 지속되면서 루카스와의 거리가 멀어지는 것은 여전히 내 안에 안타까운 감정을 남겼습니다. 그러나 이런 어려운 시기에 반려동물의 존재는 더 큰 가치를 가진다는 것을 배웠습니다. 어려운 시기에도 루카스와 함께한 순간들은 나에게 유일한 안식처가 되었고, 더 나은 미래를 만들어 내기 위한 희망의 빛이었습니다. 루카스와 함께한 시간은 코로나19로 인한 변화에도 불구하고 행복한 순간들로 가득 찼습니다. 집에서 보내는 더 많은 시간 덕분에 루카스와 놀이 시간을 더 많이 갖게 되었습니다. 그 결과, 그의 특별한 개성과 유머러스한 행동을 더 많이 관찰할 수 있었습니다. 루카스와 함께 놀이하고 그의 애틋한 사랑을 느낄 수 있는 시간은 정말로 소중했습니다.

사회적 거리두기가 해제된 후, 우리는 주말마다 함께 긴 산책을 나갔고, 1월에는 허스키들이 좋아하는 눈싸움을 즐겼습니다. 산책로 주변의 자연은 고요하게 흘러가는 삶의 아름다움을 더욱 의미 있게 감상하게 해주었습니다. 코로나19 기간 동안, 루카스는 나에게 무조건적인 사랑과 충실함을 가장 아름답게 보여 주었고, 이러한 순수한 동물의 애정은 제 마음을 풍요롭게 했습니다. 이 고난의 시기를 통해 우리는 더욱 친밀해졌습니다. 루카스와 함께 집에서 보내는 많은 순간들은 우리 관계를 더욱 강화시켜 주었고, 루카스는 나의 따뜻한 동반자로 남아 주었습니다. 그의 무조건적인 사랑은 코로나19 기간 동안 많은 어려움을 이겨 내는 데 큰 힘이 되었습니다.

코로나19 대유행 기간 동안 반려동물과 함께하는 삶은 어려움과 안타까움을 안겨 주었지만, 동시에 큰 행복도 주었습니다. 그 경험을 통해 루카스의 존재가 얼마나 큰 의미를 가지고 있는지, 그리고 그와 함께하는 시간이 얼마나 소중한지를 더욱 깊게 깨닫게 되었습니다. 루카스와의 소중한 순간들을 놓치지 않으려는 다짐과 함께, 나는 더 나은 날들을 기다리며 희망을 품고 있습니다. 이런 어려운 시기를 통해 나는 반려동물과의 연결과 행복의 가치를 더욱 깊이 깨닫게 되었으며, 그것은 나에게 더 나은 미래를 기대하게 만들어 주고 있습니다. 미래에는 더 많은 어려움이 있을지 모르겠지만, 루카스와 함께하면 우리는 어떤 상황이든 함께 극복해 나갈 수 있을 것입니다.

라브라도 리트리버 "라라"와 함께: 외출과 여행을 더욱 즐겁게

우리 가족에게 라브라도 리트리버인 "라라"는 단순히 반려견이 아니라 가장 친한 친구이자 모험의 파트너였습니다. 라라와 함께하는 일상적인 산책부터 멀리 떠나는 휴가까지, 그녀의 존재는 내 삶을 환하게 빛나게 만들어 주었습니다. 우리의 여행은 자연 속에서 행복과 결속을 찾아간 여정이었습니다.

처음 몇 주 동안, 나는 라라를 훈련시키고 그녀와 함께 시간을 보내는 것에 많은 노력을 기울였습니다. 그리고 그 노력은 결국 보람 있게 되었습니다. 라라는 훈련을 통해 잘 어울린다는 것을 알게 되었고, 그 결과로 라라와 함께 나가는 외출이나 여행이 더욱 즐거워졌습니다.

첫 번째 에피소드입니다. 우리 가족은 주말마다 근처 공원으로 나가서 산책을 즐기곤 했습니다. 라라는 산책로에 있는 다양한 냄새에 푹 빠져들며 우리 주위를 탐험하고, 우리는 라라와 함께하는 시간을 통해 스트레스 해소와 휴식을 즐길 수 있었습니다. 그 모습은 정말로 행복스러웠습니다. 라라와 함께하는 산책은 우리 가족에게 새로운 에너지를 제공하고, 어떤 어려움이든 헤쳐 나갈 수 있는 용기와 힘을 주었습니다.

두 번째 에피소드입니다. 어느 날, 맑은 날씨와 함께한 아침 산책이 기억에 남아 있습니다. 라라는 햇살을 받으며 꽃향기를 코로 맡으며 열정적으로 걸어 다녔습니다. 그 모습을 보며 주위의 사람들까지 자연스러운 행복한 미소를 머금고 있었습니다. 라라는 산책 도중 주변의 작은 것 하나하나에도 흥미를 보였습니다. 풀 한 포기나 지나가는 바람에 흔들리는 나뭇잎 하나하나가 그녀의 호기심을 자극했나 봅니다. 이런 순간들이 평범한 산책을 특별한 시간으로 만들어 주었습니다. 라라와 함께 산책하는 시간이 확실히 더 특별하고 소중해지고 있습니다.

세 번째 에피소드입니다. 우리는 산림욕을 즐기기로 결심했습니다. 숲속으로 향하면 마음이 평온해지고, 마음의 어떤 부담도 자연의 아름다움 앞에서 사라지기 때문입니다. 라라는 걷는 것을 좋아하고, 풍부한 에너지와 호기심 넘치는 본능을 가지고 있었기 때문에 산림욕은 그녀를 위한 완벽한 여행이었습니다.

네 번째 에피소드입니다. 우리가 선택한 여행지는 국립 공원이었습니다. 이곳은 푸른 호수와 울창한 숲으로 둘러싸인 아름다운 장소였습니다. 우리는 캠핑장에 도착해서 텐트를 설치하고, 라라는 기뻐서 꼬리를 흔들며 주변을 둘러보았습니다. 그날 밤, 우리는 별빛 아래에서 모두 함께 불을 지피며 이야기를 나누었습니다. 라라는 캠프파이어에 앉아 우리와 함께 시간을 보내며 정말로 행복해 보였습니다.

다섯 번째 에피소드입니다. 다음 날 아침, 우리는 호수로 향했습니다. 라라는 물속에서 수영을 즐기며, 그녀의 행복한 장면을 보는 것만으로도 나의 입가엔 미소가 번져 나왔습니다. 그 후, 우리는 하이킹을 시작했습니다. 라라는 맨 앞에서 우리를 인도하고, 그녀의 민첩한 발걸음은 우리를 새로운 경치와 경험으로 인도해 주었습니다.

여섯 번째 에피소드입니다. 하지만 우리의 모험은 그것으로 끝나지 않았습니다. 가족들과 함께한 짧은 주말 여행은 라라에게도 큰 경험이었습니다. 우리는 라라의 사랑하는 장난감들과 함께 산속 풍경이 아름다운 캠핑장으로 향했습니다. 라라는 처음 보는 자연환경에 흥분하며 주위를 둘러봤습니다. 산의 풍경과 함께하는 아침 산책, 저녁 별 보기, 모닥불 앞에서의 가족의 따뜻한 대화는 정말 귀중한 시간이었습니다. 라라 역시 새로운 냄새와 소리에 흥미를 느끼며 즐거움을 만끽했습니다. 함께한 여행은 라라에게도 확실히 새로운 경험이 되었나 봅니다.

일곱 번째 에피소드입니다. 하지만 가장 특별한 순간은 우리 가족의 여름 휴가 여행이었습니다. 우리는 근처 해변으로 떠났고, 라라는 해수욕을 즐기고 파도 소리를 들으며 무엇보다도 해변가에서 헤어나오지 않고 싶어 했습니다. 그녀의 열정은 우리에게 휴가를 더욱 특별하게 만들어 주었습니다. 라라와 함께 한 휴가는 우리에게 자연과의 조화와 더불어 가족과 함께한 특별한 시간을 선물해 주었습니다.

여덟 번째 에피소드입니다. 물론, 라라와 함께하는 외출과 여행은 항상 완벽하지는 않았습니다. 가끔은 예상치 못한 상황이 발생하거나, 라라가 지나치게 활동적이어서 힘들 때도 있었습니다. 그러나 그 모든 순간이 우리 가족에게는 가치 있는 경험이었습니다. 라라와 함께 한 여행과 외출은 우리의 유대감을 더욱 강화시켰고, 어려움을 극복하며 우리 가족이 함께 성장하는 계기가 되었습니다.

마지막 날, 우리는 해가 떨어질 때 다시 캠프파이어에 모였습니다. 라라는 지쳐 있었지만, 그녀의 눈에는 만족감이 빛나고 있었습니다. 그 순간, 우리는 그녀가 우리와 함께한 여행을 통해 더 가까워졌고, 우리의 삶에 더 많은 행복을 가져다주는 고마운 친구임을 깨닫게 되었습니다. 이 여행은 우리 가족에게 큰 의미를 가진 순간 중 하나였습니다. 라라와 함께한 자연 속의 여행은 우리의 결속을 강화시키고, 행복과 평온을 찾아가는 소중한 시간이었습니다. 라라와 함께하는 삶은 정말로 특별하며, 우리는 이 경험을 통해 그녀의 존재를 더욱 감사하게 느끼고 있습니다.

제11장

댄디 딘몬트 테리어 "머피"와 함께: 반려동물과 함께하는 해외여행

우리 가족의 작은 멤버, 댄디 딘몬트 테리어인 "머피"는 단순히 반려동물이 아니라, 우리 삶의 행복의 중심입니다. 그의 존재는 일상을 행복하게 만들어 주었고, 특히 함께하는 해외여행은 우리 가족에게 큰 행복을 선사했습니다. 해외여행은 항상 우리 가족의 생활 일정에서 중요한 부분이었습니다. 하지만 머피와 함께 여행하게 된 이후로는 더욱 특별한 경험이 되었습니다. 우리는 그의 여유로운 모습과 호기심 가득한 시선을 사람들과 나누고, 새로운 장소에서의 모험을 함께 나눌 수 있었습니다.

첫 번째 에피소드입니다. 작년, 우리 가족은 유럽 여행을 계획하였습니다. 모든 것이 준비된 그날, 우리는 머피를 데리고 멀리 떠나기 위해 비행기를 탔습니다. 그의 첫 탑승이라 걱정도 있었지만, 그의 호기심과 함께 눈빛으로 나에게 힘을 주는 듯했습니다. 비록 그의 언어는 말로 표현되지 않았더라도, 그의 행복과 불안, 기대와 놀람은 분명히 느낄 수 있었습니다. 비행기에서 내린 순간부터, 머피는 새로운 환경에서의 모든 것에 관심을 가졌습니다. 그의 사랑스러운 꼬리 흔들림과 맑은 시선은 주변 사람들에게 환영받을 만큼 매력적이었습니다. 그 결과, 여행 중에는 새로운 친구들을 만나는 것이 우리 가족의 큰 즐거움 중 하나가 되었습니다. 머피와 함께하는 해외여행은 우리 가족의 관계를 강화하는 데도 큰 역할을 하였습니다. 많은 어려움이 있었음에도, 머피가 우리 곁에 있으면 모든 것이 더욱 쉬워지곤 했습니다. 그의 흥미로운 행동과 함께 시간을 보내며, 우리는 서로에 대해 더 많이 배우고 더 깊은 유대감을 형성할 수 있었습니다.

두 번째 에피소드입니다. 우리가 가장 기억에 남는 여행 중 하나는 이탈리아로의 여정이었습니다. 이탈리아의 아름다운 풍경, 역사적인 건물, 그리고 풍부한 음식 문화를 즐기러 갔던 것이었습니다. 도착한 목적지에서의 머피는 이제까지 경험하지 못한 냄새와 소리에 열광했습니다. 그는 미지의 풍경과 새로운 친구들을 만나며 정말 기뻐하고 있었습니다. 머피와 함께 브런치(brunch)와 산책을 즐기면서 우리 가족은 그 나라의 문화를 직접 체험할 수 있었습니다. 우리 가족에게는 그의 행복이 또 하나의 큰 보람이었습니다. 그의 무궁한 호기심은 우리 가족이 여행하는 동안 더욱더 특별한 순간을 만들어 주었습니다. 그런데 여행 중에도 어쩔 수 없는 어려움이 있었습니다. 머피가 익숙하지 않은 환경에 불안해하는 모습을 볼 때마다 나는 그를 위로하고 안심시키기 위해 노력했습니다. 그러면서 우리는 서로에 대한 이해와 공감이 얼마나 중요한지를 깨닫게 되었습니다. 그의 소중한 존재는 우리 가족과 함께 하는 여행을 통해 더욱더 가까워지게 해 주었습니다. 머피와의 해외여행은 단순한 휴가가 아니라, 모험이자 우리 삶의 일부였습니다.

세 번째 에피소드입니다. 몇 년 전, 우리가 머피를 데리고 처음 해외로

여행을 떠났을 때의 기억을 잊을 수 없습니다. 비행기에서 그의 귀여운 표정을 보면서 어떤 모험이 우리를 기다리고 있는지 상상하였었습니다. 해외여행에서 머피와 함께하는 또 하나의 큰 장점은 자연과 교감할 수 있는 기회를 제공한다는 점입니다. 새로운 환경에서 산책을 하면서 자연의 아름다움을 누릴 수 있고, 함께 산책하는 동안 머피의 즐거움을 공유할 수 있었습니다. 그의 미소와 활기찬 에너지는 어떤 해외여행도 더욱 특별하게 만들어 주었습니다. 물론, 머피는 공공장소에서 예의 바르게 행동하는 모범적인 반려견이었습니다. 그의 존재가 우리 가족의 해외여행을 더욱 풍부하게 만들어 주었습니다. 그가 눈에 띄는 매력으로 현지 주민들과 소통하는 모습은 항상 웃음을 주었고, 사람들은 그를 보고 반가워하며 많은 이야기를 나눴습니다. 머피 덕분에 우리 가족은 많은 친구들을 만들었고, 이탈리아에서의 여행이 우리에게 의미 있는 경험이 되었습니다.

네 번째 에피소드입니다. 물론, 해외여행 중에는 머피와 함께 하는 즐거운 순간뿐만 아니라, 책임감도 필요했습니다. 그는 우리의 가족 구성원이지만 외부 환경에서는 보호가 필요한 순간도 있었습니다. 우리는 그의 안전을 위해 항상 신경 쓰고, 여행지에서 반려동물과 함께 다닐 수 있는 공공장소를 사전에 조사하며 계획을 세워야 했습니다. 또한, 해외여행에서는 머피와 함께 할 수 있는 일정을 조정해야 했습니다. 호텔이나 숙박시설을 예약할 때도 그에 맞춰야 했고, 공공장소에서는 그의 안전을 위해 항상 주의해야 했습니다. 여행의 마지막 날, 우리 가족은 머피와 함께 한 모든 순간을 기억하며 집으로 돌아왔습니다. 그와 함께한 해외여행은 우리 가족에게 더 깊은 유대감을 만들어 주었고, 머피와의 특별한 인연을 더욱 강화시켜 주었습니다.

이러한 경험을 통해 우리는 반려동물과 함께하는 해외여행은 어려움도 많았지만, 그만큼 더 큰 보상과 행복을 안겨 준다는 것을 알게 되었습니다. 우리 가족은 머피와 함께한 해외여행을 통해 더 많은 경험과 사랑을 나눌 수 있음을 느꼈고, 그로 인해 우리 삶은 더욱 풍요로워진 것을 느낄 수 있었습니다. 우리는 머피와의 해외여행을 통해 새로운 문화를 배우고, 다른 나라 사람들과의 인연을 맺으며, 가족 간의 유대감을 더욱더 강화시키게 되었습니다.

제12장

스노우 벵골 “베리”와 함께: 상실감 극복과 새로운 만남을 통해 찾은 행복

나는 반려동물과 함께하는 삶이 얼마나 큰 행복을 줄 수 있는지를 몸소 체험한 사람 중 하나입니다. 하지만 이 행복은 상실과 새로운 시작, 그리고 희망의 여정을 거쳐 찾아온 것이었습니다.

첫 번째 에피소드입니다. “토비”는 나의 곁에서 10년간 함께한 브리티시 숏헤어 고양이였습니다. 그는 나의 스트레스를 해소해 주고, 언제나 나의 곁에서 나를 위로해 주었습니다. 그의 떠남은 나에게 큰 상실감을 안겨주었고, 토비와 보냈던 행복한 순간들을 추억하며 살아가야 했습니다.

그러나 몇 달 후, 우연한 기회로 스노우 벵골 고양이 “베리”를 입양하게 되었습니다. 그리고 이것이 나의 행복 이야기의 시작이었습니다. 이 작고 귀여운 고양이는 머리끝부터 발끝까지 순백의 털과 큼지막한 파란 눈을 가지고 있었습니다. 그를 보자마자 나의 마음은 따뜻함으로 가득 찼고, 그의 존재가 나를 다시 삶에 참여하게 만들었습니다. 처음에는 토비의 기억이 아직도 나의 마음을 휘감고 있었기 때문에, 베리를 받아들이는 것이 어려웠습니다. 그러나 시간이 지남에 따라, 베리와 함께하는 순간들은 새로운 행복으로 가득 차게 되었습니다. 그는 활기차고 호기심 넘치는 성격으로 우리 집을 환기시켜 주었습니다. 베리와 함께 보내는 시간은 나를 토비의 상실감에서 해방시켜 주었습니다. 그의 장난스러운 모습과 사랑스러운 행동들은 나를 항상 웃음 짓게 만들었고, 그림 같은 순간들을 공유하며 행복한 시간을 보낼 수 있게 되었습니다.

두 번째 에피소드입니다. "베리"는 어린 시절 나의 가족에 합류한 사랑스러운 스노우 벵골 고양이였습니다. 그는 우리 가족의 일원으로서 활기차게 뛰어다니며 우리의 일상에 즐거움을 더해 주었습니다. 그런데 어느 날, 베리는 갑작스런 병으로 우리 곁을 떠났습니다. 이 상실감은 무엇과도 비교할 수 없는 큰 아픔으로 다가왔습니다. 그의 빈자리는 어떤 것으로도 메울 수 없었고, 오랜 시간 동안 우리 가족은 그 아픔을 극복하지 못한 채 남겨진 상처만을 안고 살아갔습니다.

그러던 어느 날, 우리는 새로운 반려동물을 품으로 안을 용기를 가지게 되었습니다. "미니"라는 한국 고양이가 우리의 가족에 합류했습니다. 미니는 활달하고 애교 있었지만, 그녀만의 개성과 매력을 가지고 있었습니다. 그녀와 함께 보내는 시간은 베리로 인한 상실감을 조금씩 치유하는 데에 도움이 되었습니다. 베리의 빈자리는 그대로 남아 있었지만, 미니는 그 빈자리에 새로운 의미를 부여해 주었습니다. 미니와의 시간이 흐름에 따라, 나는 베리와의 추억이 더 많은 감사와 따뜻한 기억으로 남게 된다는 것을 깨닫게 되었습니다. 그는 나에게 그냥 고양이가 아닌 가족의 일부로서의 의미를 가지게 해 주었습니다. 베리의 떠남은 그의 삶에서 남은 소중한 가르침과 사랑을 나에게 남겨 주었습니다.

세 번째 에피소드입니다. 몇 년 전, 나의 사랑하는 한국 고양이 친구 미니를 잃었습니다. 그때의 상실감은 정말 어마어마한 것이었습니다. 그동안 함께한 추억, 밤마다 꼬리를 쓰다듬는 모습, 미니의 따뜻한 눈빛은 제 삶에서 큰 공간을 차지하였었습니다. 그래서 그녀를 잃은 순간, 마치 무엇인가 중요한 것을 빼앗겼다는 듯한 공허함이 밀려왔었습니다.

그러나 시간은 모든 상처를 치유하는 마법과 같았습니다. 몇 달이 지난 후, 새로운 희망이 찾아왔습니다. 친구의 소개로 스노우 벵골 고양이 "주니어"를 만나게 되었습니다. 그 순간, 그 눈빛은 또 다른 불안함과도 같았지만, 그곳에서 얻은 희망은 상실의 아픔을 조금씩 감소시켜 주었습니다. 처음에는 새로운 가족 구성원을 받아들이는 것이 어려웠습니다. 스노우 벵골 고양이의 특별한 필요와 성격을 베리를 통해 충분히 이해하고는 있었지만, 새로운 개체들의 특성을 이해하는 데는 시간이 필요했고, 새로운 고양이 친구와 나의 관계를 새롭게 구축해야 했습니다. 주니어와의 만남은 상실의 아픔을 극복하고 희망을 찾아오게 해 주었습니다. 그리고 이 새로운 친구를 통해 제 삶은 더 풍요로워졌습니다. 함께하는 시간마다 새로운 경험과 사랑을 얻게 되었고, 이제는 주니어와의 만남을 절대 빼놓을 수 없는 일상의 일부로 여기고 있습니다.

이 이야기들을 통해 배운 것은 상실은 언젠가 희망으로 바뀔 수 있다는 것입니다.

새로운 반려동물을 품은 것은 기존의 반려동물과의 이별을 대신할 순 없었지만, 그것은 상실감을 조금씩 극복하고, 새로운 행복을 찾아가는 과정의 시작이었습니다.

새로운 시작은 언제나 가능하며, 우리는 새로운 반려동물과 함께하는 경험을 통해 더 많은 행복을 찾을 수 있습니다. 상실과 새로운 시작, 희망의 과정을 거쳐 찾아온 이 행복은 더 귀중하고 감사한 것으로 느껴집니다.

에필로그(Epilogue)

이 책의 저자로서, 나는 그동안의 글쓰기 과정에서 존재하지 않았던 독특한 협력 경험을 하였습니다. 인공지능 모델인 ChatGPT는 저의 창의적인 고민과 필요에 따라 텍스트를 생성하는 데 도움을 주었습니다. 또한, ChatGPT는 제가 연구한 주제에 대한 추가 정보를 제공하고, 아이디어를 균형 있게 발전시키는 데에도 도움을 주었습니다. 그 결과, 이 책은 새로운 관점과 통찰력을 갖게 되었으며 더 풍부한 내용과 표현력을 가질 수 있었습니다.

하지만, 이 책의 작성은 ChatGPT의 지원만으로 이루어진 것이 아님을 강조하고 싶습니다. ChatGPT는 정보를 제공하는 데 도움을 주었지만, 이 책의 창작 아이디어, 구조, 스토리텔링, 그리고 전반적인 집필 과정은 저자 본인의 지식과 경험, 창작 의지와 글쓰기 역량을 반영한 것입니다. 저자는 ChatGPT가 출력한 텍스트를 검토하고 수정하여 적절한 문맥과 전문성을 유지하면서 최종적인 내용을 완성하였습니다. 따라서, 책의 내용은 저자 본인의 지식과 경험을 기반으로 작성되었으며, ChatGPT는 보조적인 역할을 수행한 것으로서, 저자의 창작적 노력이 이 책의 완성에 주된 역할을 하였음을 밝힙니다. 저자는 ChatGPT를 도구로 활용하면서도 언제나 인간 작가의 역량을 최대한 발휘하려고 노력했습니다. 따라서 ChatGPT는 기술적인 도움을 주었지만, 이 책의 모든 창작 과정은 인간 작가의 창의성과 노력에 기반하고 있음을 다시 한번 강조하고 싶습니다.

이러한 AI와 인간 작가의 협업은 미래의 글쓰기와 예술 창작에 대한 새로운 가능성을 열어 놓고 있으며, 이 에필로그를 통해 그 여정을 기록하고자 합니다. 마지막으로, 이 책을 읽는 독자들에게 감사의 말씀을 전합니다. 여러분의 지속적인 지원과 이해에 힘입어 이러한 실험적인 작업을 이어 나갈 수 있었으며, 앞으로도 더 나은 글쓰기와 아이디어 공유를 위한 노력을 계속하겠습니다. 새로운 가능성을 탐험하는 이 행복한 여정에 함께해 주셔서 감사합니다.

고지 사항(Disclosure Statement)

이 책 내용 및 제공하는 정보는 저자의 개인적인 지식과 경험, 의견 및 연구 결과를 기반으로 작성되었습니다. 따라서 이 책은 특정 분야의 전문가 의견을 나타내는 것이 아니며, 법학, 생물학, 동물학, 수의학 또는 기타 전문 분야의 조언으로 간주되어서는 안 됩니다. 이 책은 일반 정보 제공 및 교육 목적을 위해 제작되었으며, 개별 상황에 따라 적용되어야 할 수 있는 전문가의 의견이나 권장 사항, 그리고 전문적인 조언을 대체하지는 않습니다. 따라서 이 책에 수록된 내용은 부정확하거나 오해의 소지가 있을 수 있습니다. 독자 여러분은 이 책에서 제시된 정보를 이용하실 때 이 점을 유념하여 주시기 바랍니다.

또한, 지식과 정보의 변화는 끊임없이 진행되고 있으며, 이로 인해 책의 내용이 시간이 지남에 따라 부정확해질 수 있습니다. 따라서 독자 여러분은 이 책의 정보를 실무에 사용하기 전에 해당 분야 전문가의 조언을 구하거나 최신 정보를 확인하는 것이 중요합니다.

이 책의 저작권은 저자에게 있으며, 본 내용의 무단 복제, 배포, 수정 또는 상업적 이용은 엄격히 금지되어 있습니다.

마지막으로, 이 책의 저자와 출판사는 어떠한 경우에도 독자가 이 책을 읽거나 정보를 활용함으로써 발생하는 어떠한 결과에 대해서도 책임을 지지 않습니다. 이 책 속에 존재하는 모든 내용과 의견을 고려하고, 비판적인 사고를 가지고, 이 책에서 제공하는 정보를 활용하는 것은 전적으로 독자 본인의 책임입니다. 이 점을 유념하시고, 독자 여러분은 어떤 판단과 결정을 내릴 때 충분한 주의와 신중함을 기울여 주시기 바랍니다.

이상의 고지 사항은 독자들에게 이 책의 내용과 정보의 한계를 명확히 전달하기 위해 작성되었습니다. 감사합니다.

유비쿼터스 반려동물과의 행복한 동행

초판 1쇄 발행 2023년 11월 6일

지은이 이정완
펴낸이 이기봉
편집 좋은땅 편집팀
펴낸곳 도서출판 좋은땅
주소 서울특별시 마포구 양화로12길 26 지월드빌딩 (서교동 395-7)
전화 02)374-8616~7
팩스 02)374-8614
이메일 gworldbook@naver.com
홈페이지 www.g-world.co.kr

ISBN 979-11-388-2451-4 (03490)